U0321879

尚品美味全收录！

人气炒菜

饮食生活编委会◎编

Ⅰ C 吉林科学技术出版社

图书在版编目（CIP）数据

人气炒菜 / 饮食生活编委会编. -- 长春 ：吉林科学技术出版社，2015.7
ISBN 978-7-5384-9516-4

I. ①人… II. ①饮… III. ①炒菜－菜谱 IV. ①TS972.12

中国版本图书馆CIP数据核字(2015)第155726号

人气炒菜

编　饮食生活编委会
出 版 人　李　梁
选题策划　张伟泽
责任编辑　郑　旭
封面设计　长春创意广告图文制作有限责任公司
制　　版　长春创意广告图文制作有限责任公司
开　　本　880mm×1230mm　1/32
字　　数　200千字
印　　张　7
印　　数　1—8 000册
版　　次　2015年8月第1版
印　　次　2015年8月第1次印刷
出　　版　吉林科学技术出版社
发　　行　吉林科学技术出版社
地　　址　长春市人民大街4646号
邮　　编　130021
发行部电话/传真　0431-85635176　85651759
　　　　　　　　　　　　85651628　85635177
储运部电话　0431-86059116
编辑部电话　0431-85659498
网　　址　www.jlstp.net
印　　刷　吉林省创美堂印刷有限公司
书　　号　ISBN 978-7-5384-9516-4
定　　价　19.90元
如有印装质量问题可寄出版社调换

前言

幸福是什么滋味？就好似品尝一道精致的菜品，每位品尝者的感受都不尽相同。一道菜的口味如何，不仅要从色、香、味三方面来考量，更取决于这道菜所承载着的心情和感受。家常菜，重要的不是其味道的平凡与朴实，而在于蕴含其中浓浓的温情与关怀。

吃一口精心烹制的菜品，舀一勺尽心煲出的鲜汤，闭上眼睛感受那股浓郁的鲜香在口中蔓延，幸福也在心中开了花。与其说一日三餐是人们补给身体的能量，不如将每餐的菜品看作一份心情的呈现。

每当我们为亲人、朋友烹制菜肴时，加一点爱心，再添一份精心，融合成散发着幸福味道的美味佳肴，盛装在精美的器皿中，对自己，对家人，无不是一种幸福的享受。

本系列图书分为《人气炒菜》《精选家常菜》《滋养汤羹》《麻辣川湘菜》《家常素食》《美味西餐》《简易家庭烘焙》《秘制凉菜》和《绿色果蔬汁》九本，从生活中饮食的方方面面满足读者的需求，版式清新，图片精美，讲解细致，操作简易，相信会给读者的幸福生活添姿加彩！

目录 contents

P51

第二章　营养畜肉

目录 contents

第三章　美味禽蛋

目录 contents

食材清洗

食材的清洗是制作菜肴首先遇到的问题，对菜肴的切配、炒制等有重要的作用。对有辛辣气味的食材剥皮时需要添加适当的清水或带手套，如洋葱、尖椒等。像土豆等易变色的食材，在去皮之后还要用清水浸泡，防止氧化变色。对于一些鱼类，在宰杀时必须谨慎，免得碰伤手，或者弄破鱼胆，导致鱼肉苦涩。

油菜的处理

1. 将油菜去除老叶。
2. 在根部剞上花刀，以便于入味。
3. 再放入小盆中，用清水洗净。
4. 捞出沥干，即可制作菜肴。

西蓝花的处理

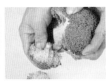 

1. 将西蓝花去根及花柄(茎)。
2. 用手轻轻掰成小朵。
3. 在花瓣根部剞上浅十字花刀。
4. 放入清水中浸泡并洗净。

大肠的处理

1.将大肠翻转过来，放入容器中。

2.加入适量的精盐、米醋搓匀。

3.再反复抓洗并换清水洗净。

4.将大肠翻转过来，用清水浸泡。

扇贝的处理

1.扇贝洗净，用小刀伸入贝壳缝隙。

2.将贝壳一开为二，划断里面的贝筋。

3.用小刀贴着贝壳的底部，将贝肉完全剔出来，即为净贝肉。

4.放入淡盐水中浸泡，取出换水冲净。

  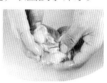

5.用小刀将贝肉的内脏，也就是看上去黑乎乎的部分去除。

6.将完整的贝肉放入大碗中，加上少许精盐和清水浸泡5分钟。

7.捞出贝肉，用少许淀粉和清水洗净。

8.再换清水漂洗干净即可。

青笋的处理

1. 将青笋去老叶，切去根部。
2. 用刮皮刀削去外皮。
3. 去除白色筋络。
4. 放入清水中浸泡并洗净。

茭白的处理

1. 将茭白剥去外层硬壳。
2. 用小刀切去根蒂。
3. 再削去外层老皮。
4. 用清水洗净即可。

苦瓜的处理

1. 将苦瓜洗净，沥干水分，切去头尾。
2. 再顺长将苦瓜一切两半。
3. 然后用小勺挖去籽瓤。
4. 用清水漂洗干净，根据菜肴要求切制即可。

土豆的处理

1. 将土豆洗净，捞出沥干，削去外皮。
2. 放入清水中漂洗干净。
3. 根据菜肴的要求，切成各种形状。
4. 放入清水中浸泡即成(可滴几滴白醋或加入少许精盐，以防氧化变色)。

竹笋的处理

1. 鲜竹笋是非常好的炒菜食材，清洗时可先将竹笋剥去外壳。
2. 再用菜刀切去老根。
3. 然后用刮皮刀削去外皮，放入清水中浸泡，洗净沥干。
4. 根据菜肴要求，切成各种形状即可。

金针菇的处理

1. 鲜金针菇放在案板上，切去老根。
2. 用手将金针菇撕成小朵。
3. 放入清水中漂洗干净(漂洗时可加入少许精盐)。
4. 捞出金针菇，攥干水分即可。

猪肝的处理

1. 将新鲜的猪肝剔去白色筋膜。
2. 放入容器中，加入适量清水和少许的精盐，揉搓均匀。
3. 再捞出猪肝，用清水冲洗干净，沥干水分，放在案板上。
4. 根据菜肴要求切制成形即可。

猪肚的处理

1. 猪肚洗净表面污物，翻转过来。
2. 去除肚内的油脂、黏液和污物，用清水冲洗干净。
3. 用精盐、碱、矾和面粉揉搓均匀。
4. 放入清水中漂洗干净即可。

猪腰的处理

1. 将新鲜的猪腰剥去外膜。
2. 放在案板上，用刀片成两半。
3. 再片去中间腰臊，冲洗干净。
4. 根据菜肴要求加工成形即可。

河虾的处理

1. 将河虾去壳，剪去虾须、步足。
2. 放在案板上，从脊背处片一刀。
3. 挑去虾线(泥肠)。
4. 根据菜肴要求加工成形即可。

海蜇的处理

1. 海蜇放入清水泡发，洗净沥干。
2. 再放在案板上，卷成长卷。
3. 然后切丝，换清水漂洗干净。
4. 蜇头片成薄片，用清水浸泡。

海螺的处理

1. 将海螺刷洗干净，用刀背砸开外壳，取出净海螺肉。
2. 再放入容器中，加入少许精盐和面粉拌匀。
3. 然后去除表面黏液和杂质，用清水漂洗干净，捞出沥干。
4. 再根据菜肴要求加工成形即可。

基础常识

‹焯 水›

焯水又称出水、冒水、飞水等，是指将经过初加工的烹饪食材，根据用途放入不同温度的水锅中，加热到半熟或全熟的状态，以备进一步切配成形或正式烹调的初步热处理。大部分植物性烹饪食材及一些有血污或腥膻气味的动物性烹饪食材，在正式烹调前一般都要焯水。根据投料时水温的高低，焯水可分为冷水锅焯水和沸水锅焯水两种方法。

❶冷水锅焯水是将食材与冷水同时入锅加热焯烫，主要适用于异味较重的动物性烹饪食材，如牛肉、羊肉、肠、肚、肺等。

方法一：冷水锅焯水

1.将需要加工整理的烹饪食材洗净。　2.放入锅中，加入适量的冷水，上火烧热。　3.翻动食材且控制加热时间，捞出沥干即可。

❶沸水锅焯水是将锅中的清水烧沸，放入食材，加热至一定程度后捞出。适用于色泽鲜艳、质地脆嫩的植物性烹饪食材，如菠菜、芹菜等。焯好后要迅速用冷水过凉，以免变色。

方法二：沸水锅焯水

  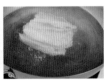

1.将食材用清水洗净。

2.放入沸水锅中焯烫。

3.翻动并迅速烫好。

4.捞出后用冷水过凉。

◂ 挂　糊 ▸

挂糊，就是将经过初加工的烹饪食材，在烹制前用水淀粉或蛋泡糊及面粉等辅助材料挂上一层薄糊，使制成后的菜肴达到酥脆可口的一种技术性措施。

在此要说明的是挂糊和上浆是有区别的，在烹调的具体过程中，浆是浆，糊是糊，上浆和挂糊是一个操作范畴的两个概念。挂糊的种类较多，一般有如下几种。

蛋黄糊的调制

1. 将鸡蛋黄放入小碗中搅拌均匀。
2. 再加入适量的淀粉(或面粉)调匀。
3. 然后放入少许植物油。
4. 充分搅拌均匀即可。

全蛋糊的调制

1. 鸡蛋磕入碗中，打散成全蛋液。
2. 再加入淀粉、面粉调拌均匀。
3. 然后放入植物油搅匀即可。

发粉糊的调制

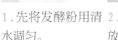

1. 先将发酵粉用清水调匀。
2. 面粉、发酵粉水放入碗中搅匀。
3. 再加入冷水，静置20分钟即可。

上浆就是在经过刀工处理的食材上挂上一层薄浆，使菜肴达到滑嫩的一种技术措施。通过上浆食材可以保持嫩度，美化形态，保持和增加菜肴的营养成分，还可以保留菜肴的鲜美滋味。上浆的种类较多，依上浆用料组配形式的不同，可把浆分成如下几种。

鸡蛋清粉浆的处理

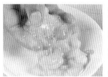

1.材洗净、揾干，放入碗中。

2.加入适量的鸡蛋清。

3.再放入少许淀粉。

4.充分抓拌均匀即可。

水粉浆的处理

1.将淀粉和适量清水放入碗中调成水粉浆。

2.再将食材(鸡肉)洗净，切成细丝，放入小碗中。

3.加入适量的水粉浆拌匀上浆即可。

全蛋粉浆的处理

1.里脊片洗净，放入碗中，磕入鸡蛋。

2.先用手(或筷子)轻轻抓拌均匀。

3.再放入适量的淀粉搅匀。

4.然后加入少许植物油拌匀即可。

◂ 油 温 ▸

低油温 即是三四成热，其温度大约在90℃～120℃，直观特征为无青烟，油面平静，当浸滑食材时，食材周围无明显气泡生成。

中油温 即是五六成热，油温大约在150℃～180℃，直观特征为油面有少许青烟生成，油从四周向锅的中间徐徐翻动，浸炸食材时食材周围出现少量气泡。

高油温 为七八成热，其油温大约在200℃～240℃，直观特征为油面有青烟升起，油从中间往上翻动，用手勺搅动时有响声，浸炸食材时食材周围出现大量气泡翻滚，并伴有爆裂声。

◂ 过 油 ▸

　　过油是将加工成形的食材在油锅中加热至熟或炸制成半成品的熟处理方法。过油可缩短烹调时间，或多或少改变食材的形状、色泽、气味、质地，使菜肴富有特点。过油后的食材有滑、嫩、脆、鲜、香的特点，并保持一定的艳丽色泽。在家庭烹调中，过油对调节饮食内容，丰富菜肴风味等都有一定的益处。

　　过油要求的技术性比较强，其中油温的高低、食材处理情况、火力大小的运用、过油时间的长短、食材与油的比例关系等都要掌握得恰到好处，否则就会影响菜肴的质量。过油主要分为滑油和炸油两种。

方法一：滑油处理

1.将淀粉和适量清水放入碗中调成水粉浆。

2.再将食材(鸡肉)洗净，切成细丝，放入小碗中。

3.加入适量的水粉浆拌匀上浆即可。

❦滑油又称拉油，是将细嫩无骨或质地脆韧的食材改切成较小的丁、丝、条、片等，上浆后放入四五成热油中滑散，断生后捞出。滑油要求操作速度快，尽量使食材少失水分。成品菜肴有滑嫩柔软的特点。

21

◀走 红▶

走红又称酱锅、红锅，是一些动物性食材如家畜、家禽等，经过焯水、过油等初步加工后，实行上色、调味等进一步热加工的方法。

走红不仅能使食材上色、定形、入味，还能去除有些食材的腥膻气味，缩短烹调时间。按传热媒介的不同，走红主要分为水走红、油走红和糖走红三种。

❶水走红是将经过焯水或过油的食材放入由调料(酱油、料酒、白糖、红曲米、清水)熬煮成的汤汁中，用小火加热使食材鲜艳上色，一般适用于小型食材。走红的具体做法与酱汤煮差不多，但酱是将食材放入汤汁中以成熟为主要目的，而走红则是以着色为目的。

方法一：水走红

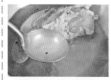

1.将食材(猪舌)洗涤整理干净，放入沸水锅中焯烫一下，捞出冲净，沥干水分。

2.将酱油、料酒、红曲米、白糖和适量清水放入碗中调成酱汁。

3.再将调好的酱汁倒入清水锅中烧沸。

4.放入焯好的食材(猪舌)煮至上色即可。

❶油走红是先在食材表面涂抹上一层有色或加热后可生成红润色泽的调料(如酱油、甜面酱、糖色、蜂蜜、饴糖等)，经油煎或油炸后使食材上色的一种方法，主要适用于形状较大或整只、整条的食材。

方法二：油走红

1.将食材(带皮猪五花肉)的肉皮上涂抹上酱油。

2.净锅置火上，加油烧热，将五花肉的肉皮朝下放入油锅中。

3.待猪肉皮炸至上色后，捞出原料沥油即可。

◂ 炒菜汤汁 ▸

制汤要根据食材的性质、烹调的要求、菜肴的档次灵活掌握，只有正确掌握制汤方法，才能达到菜肴质量标准。家庭中常见的汤汁有几种，其中最为常见的是荤汤和素汤两类。

1.鸡骨架收拾干净，剁成大块。

2.放入清水中漂洗干净，捞出。

3.下入清水锅中煮开，捞出。

4.换清水煮沸。

5.撇去浮沫，盖盖后继续加热。

6.汤汁呈乳白色时，过滤即成。

1.鱼骨、鱼皮放入容器，加适量清水和精盐搓洗干净。

2.捞出鱼骨、鱼皮，沥水，放在案板上，剁成大块。

3.然后将鱼骨块等放入干净的锅内。

4.加入葱、姜，添入适量清水，小火煮约30分钟。

5.捞出鱼骨，放入肉蓉搅动，待肉蓉浮在汤面，捞出。

6.加肉蓉，用手勺搅匀至澄清，出锅过滤成鱼骨清汤。

❶家庭中在制作鱼类炒菜时，往往会将鱼头、鱼骨、鱼皮等杂物剔除，只取净鱼肉使用，而剔出的鱼骨、鱼皮等如果丢弃，就太可惜了。因为鱼骨、鱼皮等含有丰富的胶原蛋白质和多种营养素，用它们熬煮成鱼骨清汤，也是非常好的创意。

23

第一章

清香蔬菜

炒白菜三丝

原料

大白菜300克

水发粉丝150克

胡萝卜、香菜各100克

调料

葱丝、姜丝、精盐、

味精、胡椒粉、

花椒油、植物油各适量

做法

1. 白菜洗净，切成细丝；水发粉丝切成7厘米长的段；香菜择洗干净，切成小段。

2. 胡萝卜去皮、洗净，切成细丝，再放入沸水中焯烫一下，捞出沥干。

3. 锅中加入植物油烧热，先下入葱丝、姜丝炒香，再放入白菜丝略炒。

4. 然后加入精盐、味精、胡萝卜丝、粉丝炒匀，再放入胡椒粉、香菜段翻炒几下，淋入花椒油，出锅装盘即成。

清香 ⓘ15分钟

芥菜心炒素鸡

原料

芥菜心400克

素鸡200克

调料

姜块、蒜瓣、精盐、
白糖、胡椒粉、
水淀粉、蚝油、香油、
上汤、植物油各适量

做法

1. 将素鸡改刀切成0.6厘米厚的圆片。

2. 姜块去皮，切成小片；蒜瓣去皮，剁成蒜蓉。

3. 芥菜去根及老叶，放入清水中浸泡并洗净，取出芥菜心，沥净水分，切成10厘米长的段。

4. 锅中加入适量清水，先放入少许精盐、植物油和姜片烧沸，再下入芥菜心快速焯烫至熟，捞出沥干，码入盘中。

5. 净锅置火上，加油烧热，先下入蒜蓉煸炒出香味，再放入切好的素鸡片，加入上汤、精盐、白糖、蚝油、胡椒粉炒匀入味。

6. 然后用水淀粉勾薄芡，淋入香油，出锅盛在芥菜心上即可。

第一章 清香蔬菜

清香 ⏱10分钟

百合银杏炒蜜豆

原料

甜蜜豆400克

鲜百合、银杏各25克

调料

葱花、姜丝各5克

精盐、味精、

鸡精各1/2小匙

白糖、水淀粉各1小匙

植物油3大匙

做法

1. 将百合去黑根、洗净；银杏洗净；甜蜜豆切去头尾、洗净。

2. 百合、银杏、甜蜜豆分别下入加有少许精盐和植物油的沸水中焯烫一下，捞出沥干。

3. 坐锅点火，加油烧热，先下入葱花、姜丝炒香，放入甜蜜豆、银杏、百合。

4. 再加入精盐、味精、鸡精、白糖翻炒均匀，用水淀粉勾芡，淋入明油，即可出锅装盘。

虾酱炒四季豆

原料

四季豆500克

鸡蛋2个

调料

葱花、姜丝、蒜片各5克

虾酱、面粉各1大匙

味精、鸡精各1/2小匙

白糖少许

植物油100克

做法

1. 虾酱放入碗中，磕入鸡蛋、放入面粉搅拌均匀，下入烧热的油锅中翻炒至熟，盛入碗中。

2. 四季豆去筋，洗净，切段，放入加有清水、少许精盐和植物油的锅中焯至变色，捞出沥干。

3. 坐锅点火，加油烧热，放入四季豆煸干水分，捞出沥油。

4. 净锅置火上，加入少许底油烧热，先下入葱花、姜丝、蒜片略炒。

5. 再倒入炒好的鸡蛋虾酱，用小火炒出香味，放入四季豆。

6. 转旺火翻炒至入味，用味精、鸡精、白糖调好口味，出锅装盘即可。

南瓜炒芦笋

原料
南瓜200克
芦笋150克

调料
蒜片10克
精盐、味精各1/2小匙
料酒1小匙
香油1/3小匙
水淀粉、植物油各1大匙

做法

1. 南瓜洗净，削去外皮，切开后去瓤及籽，先切成大块，再切成5厘米长、1厘米宽的条。

2. 芦笋切去老根，用小刀削去外皮，再用清水洗净，沥干水分，斜刀切成小段。

3. 锅中加入适量清水和少许精盐烧沸，先下入南瓜条焯烫一下。

4. 再放入芦笋条焯透，然后捞出南瓜条和芦笋条，用冷水过凉，沥干水分。

5. 净锅置火上，加入植物油烧至五成热，先下入蒜片炒香。

6. 再放入南瓜条、芦笋条翻炒均匀，烹入料酒，加入精盐、味精炒至入味。

7. 然后用水淀粉勾薄芡，淋入香油调匀，即可出锅装盘。

苦瓜炒虾仁

原料

苦瓜500克

鲜虾仁100克

调料

精盐1/2小匙

鸡精1/3小匙

酱油1小匙

植物油3大匙

做法

1. 将苦瓜洗净，切去两端，从中间剖开，再去瓤及籽，切成薄片。

2. 坐锅点火，加油烧至七成热，放入虾仁滑散、滑熟，捞出沥油。

3. 锅再上火，加入少许底油烧热，先下入切好的苦瓜略炒。

4. 再放入熟虾仁、精盐、鸡精、酱油速炒一下，即可出锅装盘。

豇豆炒牛肉

原料

豇豆、牛里脊肉各250克
红辣椒1根

调料

蒜末10克
精盐1小匙
酱油、水淀粉各1大匙
植物油3大匙

做法

1. 将豇豆切去头尾，用清水洗净，再切成4厘米长的段；红辣椒去蒂、洗净，切成小段。

2. 牛里脊肉洗净，切成细丝，再放入碗中，加入酱油、水淀粉拌匀，腌渍5分钟，然后下入热油锅中快炒一下，立即盛出。

3. 锅中留底油烧热，先下入蒜末、红辣椒段炒香，再放入豇豆翻炒至熟，然后加入牛肉丝、精盐炒匀，即可出锅装盘。

◎鲜香 ⏱15分钟

第一章 清香蔬菜

33

海米紫甘蓝

原料

紫甘蓝500克

水发海米50克

调料

葱末、姜末各5克

精盐1小匙

味精、花椒粒各少许

香油1/2小匙

植物油2大匙

做法

1. 将紫甘蓝切去根部，掰成大片，洗净后切成方片；海米用清水发透，洗净沥干。

2. 坐锅点火，加油烧至四成热，先下入花椒粒炸出香味(捞出不用)。

3. 再放入葱末、姜末炝锅，然后下入海米煸炒片刻，加入紫甘蓝、精盐炒至原料断生。

4. 再放入味精，淋入香油，充分翻炒均匀，出锅装盘即可。

○清香 ⊙10分钟

酱爆四季豆

原料

四季豆400克
猪肉100克

调料

葱末、姜末、
蒜片各10克
味精、花椒粉各少许
黄豆酱2大匙
水淀粉2小匙
植物油适量

做法

1. 将四季豆撕去豆筋、洗净，切成长段，再下入五成热油中炸至断生，捞出沥油；猪肉去筋膜、洗净，切成薄片。

2. 锅中留底油烧热，先下入葱末、姜末、蒜片炒香，再放入肉片炒至变色。

3. 然后加入黄豆酱、花椒粉、四季豆、味精炒至入味，再用水淀粉勾芡，淋入香油，即可出锅装盘。

酱香 ⏱15分钟

鲜香 ⏱15分钟

芦笋炒虾干

原料

青芦笋300克

虾干50克

调料

姜末少许

精盐、白糖、胡椒粉、

鸡精各1/3小匙

味精、料酒各1/2小匙

水淀粉适量

植物油3大匙

做法

1. 芦笋切去老根，削去外皮，用清水洗净，再切成菱形小片，放入沸水锅中焯至断生，捞入过凉，沥干水分。

2. 虾干洗净，装入大碗中，先放入蒸锅中，用旺火蒸至软嫩，再下入沸水锅中焯烫一下，捞出沥干。

3. 炒锅置旺火上，加油烧至四成热，先下入姜末炒出香味。

4. 再放入芦笋片和蒸好的虾干，用旺火快速翻炒均匀。

5. 然后加入精盐、料酒、胡椒粉、白糖、味精、鸡精调好口味。

6. 再快速翻炒均匀，用水淀粉勾薄芡，出锅装盘即成。

虾干炒油菜

原料

油菜心300克

大虾干50克

水发香菇、冬笋各20克

调料

葱丝5克

姜丝3克

精盐1小匙

味精少许

料酒2小匙

香油1/2小匙

植物油2大匙

做法

1. 油菜心洗净，切成3厘米长的段；香菇洗净、切片，用沸水略焯，捞出沥干。

2. 虾干用温水发透；冬笋去壳、洗净，切成3厘米长、2厘米宽的片。

3. 锅中加油烧至五成热，先下入葱丝、姜丝炒香，再烹入料酒，放入虾干略炒。

4. 然后加入油菜心、冬笋、香菇煸炒片刻，再放入精盐、味精翻炒至入味，淋入香油推匀，即可出锅装盘。

◎鲜香 ⏱15分钟

咸香 ⏱15分钟

豌豆炒腊肉

原料

豌豆荚300克

腊肉100克

调料

精盐2小匙

味精1小匙

白糖1大匙

料酒2大匙

高汤100克

植物油3大匙

做法

1. 将腊肉去皮，装入碗中，再放入蒸锅中蒸熟，取出晾凉，切成小长方片；豌豆荚择洗干净，沥干水分。

2. 炒锅置火上，加油烧至七成热，先下入腊肉片煸至出油，再添入适量高汤烧开。

3. 然后烹入料酒，放入豌豆荚翻炒均匀，再加入白糖、精盐翻炒2分钟，放入味精炒匀，即可出锅装盘。

第一章 清香蔬菜

甜香 ⏱15分钟

南瓜炒虾米

原料

南瓜500克
虾米50克

调料

葱花10克
精盐1小匙
鸡精1/2小匙
白糖、料酒、
水淀粉各2小匙

做法

1. 将南瓜洗净，去皮及瓤，切成厚片；虾米洗净，用温水泡发，捞出沥干。

2. 坐锅点火，加油烧至六成热，先下入葱花炒出香味，再放入南瓜片、虾米煸炒3分钟.

3. 然后烹入料酒，加入精盐、白糖、鸡精和泡虾米的水，用大火烧沸，用水淀粉勾芡，出锅装盘即可。

TIPS

虾米营养丰富，含蛋白质是鱼、蛋、奶的几倍到几十倍，还含有丰富的钾、碘、镁、磷等矿物质，且其肉质松软，易消化，对身体虚弱以及病后需要调养的人是极好的食物，与南瓜同食，能防止动脉硬化，同时还能扩张冠状动脉，有利于预防高血压及心肌梗死，对神经衰弱、骨质疏松症也有一定益处。

蚌肉炒丝瓜

原料

嫩丝瓜300克

河蚌肉150克

调料

精盐1/2小匙

味精、酱油各1小匙

葱姜汁2小匙

料酒1大匙

植物油4大匙

做法

1. 蚌肉洗净，用刀将硬边处拍松，切成小块；丝瓜洗净、去皮，切成滚刀块。

2. 坐锅点火，加油烧至七成热，先下入蚌肉快速煸炒一下，再烹入料酒，加入葱姜汁、酱油略烧，盛出装盘。

3. 净锅上火，加油烧热，先下入丝瓜块煸炒至青绿色，再放入蚌肉，加入精盐、料酒、味精翻炒均匀，即可出锅装盘。

第一章 清香蔬菜

41

百合芦笋虾球

原料

芦笋250克

虾仁150克

鲜百合30克

青椒、红椒各1个

调料

葱花5克

精盐、味精各1/2小匙

白糖少许

水淀粉、香油各1小匙

植物油3大匙

做法

1. 芦笋去皮、洗净，切成小段；百合去根、洗净，掰成小瓣，分别用沸水略焯，捞出沥干。

2. 青椒、红椒分别洗净，去蒂及籽，切成小块，再放入热油锅中翻炒一下，盛出。

3. 虾仁洗净，挑除沙线，先在背部片一刀，再放入碗中，加入料酒、精盐、水淀粉拌匀，然后下入沸水锅中焯至圆球状，捞出沥干。

4. 炒锅置火上，加油烧至六成热，先下入葱花炒出香味。

5. 再放入百合瓣和芦笋条，用旺火略炒片刻，加入青椒块、红椒块和虾球翻炒均匀。

7. 然后放入精盐、味精、白糖调好口味，用水淀粉勾薄芡，淋入香油炒匀，即可出锅装盘。

○香辣 ⏱10分钟

香辣土豆丁

原料

土豆400克

红干椒20克

调料

葱丝15克

姜末5克

精盐1小匙

味精、米醋各1/2小匙

肉汤300克

植物油适量

做法

1. 将土豆去皮、洗净，切成2厘米见方的小丁；红干椒洗净，切成小段。

2. 坐锅点火，加油烧至七成热，放入土豆丁炸至金黄色，捞出沥油。

3. 锅中留少许底油烧热，先下入葱丝、姜末炒香，再放入红干椒段略炸。

4. 然后下入土豆丁，添入肉汤，加入精盐、米醋翻炒至熟，再放入味精调味，即可出锅装盘。

芦笋炒里脊

原料

芦笋300克

猪里脊肉150克

鲜香菇50克

鸡蛋清1个

调料

蒜片10克

精盐、味精各1小匙

酱油、水淀粉各2小匙

植物油适量

做法

1. 猪肉洗净，切成薄片，再放入碗中，加入酱油、鸡蛋清、水淀粉抓拌均匀，腌渍10分钟，然后下入五成热油中滑散，捞出沥油。

2. 芦笋去根、洗净，切成斜段；香菇去蒂、洗净，切成大片。

3. 锅中加适量底油烧热，先下入蒜片炒香，再放入肉片略炒。

4. 然后加入芦笋段、香菇片和适量清水翻炒至熟，再放入精盐、味精调味，即可出锅。

咸香 15分钟

咖喱菜花

原料

菜花500克
洋葱末10克

调料

姜末、蒜末各5克
精盐1小匙
味精、胡椒粉、
咖喱粉、面粉各少许
辣酱油1大匙
鸡汤100克
植物油3大匙

做法

1. 将菜花洗净，掰成小朵，再放入沸水锅中焯烫一下，捞出沥干。

2. 坐锅点火，加油烧至五成热，先下入姜末、蒜末炒出香味，放入洋葱末略炒。

3. 再加入咖喱粉、面粉、鸡汤、精盐、味精、胡椒粉、辣酱油翻炒均匀，然后放入菜花炒至入味，即可出锅装盘。

甜香 ⏱15分钟

腊肉银丝芹菜

原料

西芹150克

熟腊肉丝100克

鲜香菇50克

绿豆芽25克

调料

葱段、姜片各10克

精盐、鸡精各1/2小匙

料酒、水淀粉各1大匙

清汤100克

植物油2大匙

做法

1. 豆芽掐去两端、洗净，用沸水略焯，捞出沥干；香菇去蒂、洗净，切成细丝。

2. 西芹去老筋，用清水洗净，再放入沸水中略焯，捞出沥干，切成细丝。

3. 坐锅点火，加油烧热，先下入葱段、姜片炒香，再放入腊肉、西芹、豆芽、香菇略炒.

4. 然后烹入料酒，加入清汤、精盐、鸡精翻炒均匀，再用水淀粉勾芡，即可出锅装盘。

咸香 15分钟

第二章·清香蔬菜

人气炒菜

红蘑土豆片

原料

土豆400克

红蘑50克

青椒、红椒各15克

调料

葱末、姜末、

蒜末各少许

葱段、姜片各15克

精盐、味精各1小匙

胡椒粉1/2小匙

酱油2大匙

香油2小匙

鲜汤150克

植物油750克

做法

1. 土豆去皮、洗净，一切两半，再切成薄片；青椒、红椒洗净，去蒂及籽，切成小块。

2. 红蘑用温水泡软，去根及杂质，洗净后放入沸水锅中焯透，捞出沥干，装入碗中。

3. 加入葱段、姜片和少许鲜汤，入锅蒸1小时至入味，取出沥干。

4. 锅置旺火上，加油烧热，放入土豆片炸至熟透，捞出沥油。

5. 锅中留底油烧热，先下入葱末、姜末、青椒块、红椒块略炒。

6. 再放入红蘑块、土豆片翻炒均匀，加入酱油，浇入蒸红蘑的原汁烧沸。

7. 然后放入蒜末、精盐、味精、胡椒粉、香油炒至入味，即可出锅装盘。

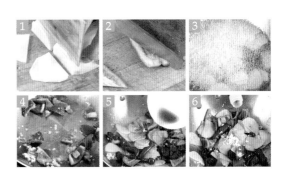

米汤炒南瓜

原料

南瓜600克
青椒80克

调料

葱花、姜末、精盐、
味精、水淀粉、米汤、
香油、植物油各适量

做法

1. 将南瓜洗净，去皮及瓢，切成5厘米长的粗条；青椒洗净，去蒂及籽，切成细丝。

2. 炒锅置旺火上，加入植物油烧热，先下入葱花、姜末炒出香味。

3. 再放入南瓜条翻炒至软，加入青椒丝、米汤、精盐、味精炒至南瓜软烂入味。

4. 然后用水淀粉勾芡，淋入香油调匀，即可出锅装碗。

🍲甜香 ⏱10分钟

泡椒炒魔芋

原料

魔芋400克

猪肉100克

红泡椒50克

鲜香菇、青椒各25克

调料

葱丝、姜丝各10克

精盐、鸡精、

胡椒粉各1/2小匙

水淀粉、辣椒油各2小匙

植物油2大匙

做法

1. 猪肉洗净，切成细丝；香菇去蒂、洗净，青椒去蒂及籽，均切成细丝；魔芋洗净，切成小条，再放入沸水中焯烫一下，捞出沥干。

2. 坐锅点火，加油烧热，先下入红泡椒、葱丝、姜丝炒香，再放入猪肉丝炒至变色。

3. 然后加入魔芋条、香菇丝、青椒丝、精盐、胡椒粉、水淀粉、鸡精翻炒至熟，再淋入辣椒油炒匀，即可出锅装盘。

第一章 清香蔬菜

酸甜 ⏱10分钟

萝卜丝炒蕨根粉

原料

白萝卜600克

蕨根粉、胡萝卜各50克

虾皮、香菜段各15克

调料

红干椒、葱丝各10克

精盐、味精、

胡椒粉各1小匙

米醋、白糖、

辣椒油各1大匙

植物油适量

做法

1. 白萝卜、胡萝卜洗净，去皮、切丝，再用沸水焯透，捞出沥干。

2. 蕨根粉用冷水浸泡至软；虾皮用沸水烫透，再放入烧热的辣椒油中炒熟，盛出。

3. 净锅上火，加油烧热，先下入红干椒、葱丝炒香，再放入白萝卜、胡萝卜、蕨根粉略炒。

4. 然后加入香菜、精盐、味精、胡椒粉、米醋、白糖炒匀，出锅装盘，撒上虾皮即可。

荠菜炒里脊丝

原料

荠菜300克
猪里脊肉100克
熟冬笋50克

调料

精盐1小匙
味精1/2小匙
料酒1大匙
水淀粉2小匙
香油少许
肉汤3大匙
淀粉、植物油各适量

做法

1. 将荠菜择洗干净，放入沸水锅中焯烫一下，捞出过凉，沥干水分，放在案板上，切成小条；熟冬笋切成细丝。

2. 猪里脊肉洗净，切成细丝，再放入碗中，加入淀粉抓匀上浆。

3. 坐锅点火，加油烧至七成热，放入里脊丝滑散、滑熟，捞出沥油。

4. 锅中留少许底油烧热，先下入冬笋丝、荠菜条略炒，再加入精盐、味精、料酒、肉汤烧沸。

5. 然后放入里脊丝炒匀，再用水淀粉勾芡，淋入香油，出锅装盘即可。

肉丝炒空心菜

原料

空心菜500克

猪瘦肉150克

调料

大葱、姜片、蒜瓣各5克

精盐、味精、鸡精、

白糖各1/2小匙

料酒、水淀粉各1小匙

植物油适量

做法

1. 空心菜去根、洗净，切成4厘米长的段，再放入沸水锅中焯烫一下，捞出过凉，沥干水分。

2. 大葱、姜片分别洗净，均切成细丝；蒜瓣去皮，切成小片。

3. 猪肉去筋膜、洗净，放在案板上，切成5厘米长的细丝，再放入碗中，加入少许精盐、味精、水淀粉抓匀上浆。

4. 炒锅置火上，加油烧热，下入猪肉丝滑散、滑透，捞出沥油。

5. 锅中留少许底油烧热，先下入葱丝、姜丝、蒜片炒出香味。

6. 再烹入料酒，加入猪肉丝、精盐、味精、白糖、鸡精翻炒均匀。

7. 然后放入空心菜，转旺火快速炒匀，出锅装盘即可。

🍳鲜香 ⏱10分钟

韭菜炒虾仁

原料

韭菜300克
鲜虾仁50克

调料

葱段、姜丝各15克
精盐1/2小匙
植物油3大匙

做法

1. 将韭菜择洗干净，切成3厘米长的段；虾仁从背部片开，挑除沙线，洗净沥干。

2. 坐锅点火，加油烧至六成热，先下入姜丝、葱段炒出香味。

3. 再放入虾仁、韭菜快速翻炒均匀，然后加入精盐调好口味，即可出锅装盘。

虾爬肉炒时蔬

原料

卷心菜叶400克

虾爬子肉100克

鸡蛋清3个

水晶粉10克

调料

朝天椒丝、葱花各5克

精盐、味精、

鸡精各1小匙

老汤3大匙

植物油1大匙

做法

1. 将卷心菜叶洗净，切成粗丝；水晶粉用清水泡发；鸡蛋清搅打均匀。

2. 锅中加少许底油烧热，先下入朝天椒丝炒香，再放入卷心菜丝旺火炒匀。

3. 然后加入水晶粉、老汤、精盐、味精、鸡精炒至入味，将虾爬子肉摆在卷心菜丝上，淋入鸡蛋清，用小火收汁。

4. 待蛋清变白、汤汁收干时，盛入盘中，撒上葱花即可。

鲜香 ⏱10分钟

第一章 清香蔬菜

清炒黄瓜片

原料

黄瓜300克

调料

蒜片10克

精盐1小匙

味精1/2小匙

植物油3大匙

做法

1. 将黄瓜洗净、去皮，从中间顺长剖成两半，再去除籽瓤，片成0.5厘米厚的长片。

2. 炒锅置火上，加入植物油烧热，先下入蒜片炒出香味，再放入黄瓜片翻炒均匀。

3. 然后加入精盐炒至熟透入味，再放入味精翻炒几下，淋入明油，即可出锅装盘。

清香 ⓘ10分钟

西芹百合炒螺片

原料
西芹300克
海螺肉150克
鲜百合50克

调料
姜片5克
精盐1/2小匙
料酒、水淀粉各1大匙
植物油2大匙

做法

1. 西芹去老筋、洗净，切成菱形片；百合去根、洗净，掰成小瓣；海螺肉洗净，切成薄片。

2. 将西芹片、百合瓣、螺肉片分别放入沸水锅中焯烫一下，捞出沥干。

3. 净锅上火，加油烧至五成热，先下入姜片炒出香味，再放入西芹片、百合瓣、螺肉片略炒。

4. 然后烹入料酒，加入精盐炒匀，再用水淀粉勾芡，淋入明油即成。

清香 15分钟

木耳韭黄炒虾丝

原料

韭黄150克

水发木耳75克

大虾5个

调料

葱白、精盐、味精、
料酒、花椒油、
植物油各适量

做法

1. 韭黄择洗干净，切成小段；水发木耳去蒂及杂质，洗净后切成粗丝。

2. 葱白洗净，先切成小段，再切成细丝。

3. 大虾去虾头，剥去虾壳，用牙签挑出沙线，再放在案板上，用小刀由脊部片开呈大片，然后用刀背捶砸一下，展平虾身，切成细丝。

4. 炒锅置火上，加油烧至六成热，先下入葱丝煸炒出香味。

5. 再加入虾肉丝、料酒、精盐炒至均匀入味，放入木耳丝、韭黄段翻炒均匀。

6. 然后加入少许味精，淋入花椒油炒匀，出锅装盘即可。

TIPS

　　虾肉中含有丰富的蛋白质和钙等营养物质，如果把它们与含有鞣酸的水果，如葡萄、石榴、山楂、柿子等同食，不仅会降低蛋白质的营养价值，而且鞣酸和钙离子结合形成不溶性结合物刺激肠胃，引起人体不适，出现呕吐、头晕、恶心和腹痛腹泻等症状。海鲜与水果同吃至少应间隔2小时。

麻香土豆条

原料

土豆500克

白芝麻100克

鸡蛋2个

调料

红干椒25克

葱段50克

精盐、味精各1/2小匙

淀粉3大匙

面粉100克

吉士粉、香油各1小匙

植物油适量

做法

1. 将土豆去皮、洗净，切成小条；吉士粉、面粉、淀粉、鸡蛋和适量清水调匀成面糊。

2. 土豆条放入沸水锅中烧煮至熟，捞出沥干，再裹上面糊，蘸上白芝麻，下入五成热油锅中炸至金黄色，捞出沥油。

3. 锅中留少许底油烧热，先下入红干椒、葱段煸香出味。

4. 再放入土豆条、精盐、味精翻炒均匀，然后淋入香油，出锅装盘即成。

麻香 ⏱20分钟

清炒四角豆

原料

四角豆250克

调料

蒜片25克

精盐、味精各1小匙

植物油2大匙

做法

1. 将四角豆洗净，切去头尾，斜切成薄片，再放入加有少许精盐和植物油的沸水中焯烫20秒钟，捞出浸凉，沥干水分。

2. 炒锅置旺火上，加油烧至七成热，先下入一半的蒜片炒香，再放入四角豆略炒。

3. 然后加入精盐续炒至熟，再放入剩余的蒜片翻炒均匀，即可出锅装盘。

第一章 清香蔬菜

烟笋炒肉丝

原料

烟笋干100克
猪肉丝150克
芹菜80克

调料

葱末、姜末、蒜末各5克
精盐1/2小匙
味精、鸡精、香油各少许
水淀粉1大匙
料酒2小匙
植物油适量

做法

1. 烟笋干洗净，放入清水中泡发，再捞出沥干，切成粗丝；芹菜择洗干净，切成小段。

2. 坐锅点火，加油烧热，分别下入猪肉丝、烟笋丝、芹菜段滑油，捞出沥油。

3. 锅中留少许底油烧热，先下入葱末、姜末、蒜末炒出香味。

4. 再放入猪肉丝、烟笋丝、芹菜段翻炒均匀，烹入料酒。

5. 然后加入精盐、味精、鸡精炒至入味，用水淀粉勾薄芡，出锅装入盘中，淋上香油即可。

清炒豌豆荚

原料

豌豆荚500克

青椒、红椒各15克

调料

葱末、姜末各10克

精盐、酱油各1大匙

味精1小匙

白糖、米醋各2小匙

香油少许

植物油2大匙

做法

1. 将豌豆荚洗净，切去两端，放入容器中，用少许精盐腌渍入味；青椒、红椒分别洗净，去蒂及籽，切成细丝。

2. 坐锅点火，加油烧热，先下入葱末、姜末炒出香味。

3. 再放入豌豆荚、青椒丝、红椒丝略炒一下，然后加入酱油、白糖、米醋、精盐、味精炒至入味，淋入香油，即可出锅装盘。

第一章 清香蔬菜

○香辣 ①15分钟

肉片炒莲藕

原料

莲藕500克

猪瘦肉100克

红辣椒25克

调料

葱花15克

精盐、酱油各1小匙

水淀粉1大匙

植物油3大匙

做法

1. 将莲藕洗净，去皮、去节，切成2厘米宽、3厘米长的薄片。

2. 猪瘦肉洗净，切成薄片，用酱油、水淀粉拌匀上浆；红辣椒洗净，去蒂及籽，切成三角片。

3. 炒锅置火上，加油烧至七成热，先下入猪肉片炒至变色，再放入葱花、红辣椒炒出香味，然后加入莲藕片旺火快速翻炒，再放入精盐炒匀，即可出锅装盘。

芦笋百合北极贝

原料

芦笋300克

鲜百合、

北极贝肉各100克

调料

精盐、味精、

鸡精各1/2小匙

料酒、水淀粉各1大匙

植物油2大匙

做法

1. 将芦笋去根、洗净，斜切成小段；百合洗净，掰成小瓣；北极贝肉洗净，沥干水分。

2. 将芦笋、百合、北极贝肉分别放入沸水锅中焯至断生，捞出沥干。

3. 坐锅点火，加油烧热，先下入芦笋、百合、北极贝肉略炒，再烹入料酒翻炒均匀。

4. 然后加入精盐、味精、鸡精炒至入味，再用水淀粉勾芡，即可出锅装盘。

咸香 ⏱15分钟

双果百合四季豆

原料

四季豆250克

夏威夷果、腰果、
鲜百合各25克

调料

葱花、姜末、精盐、
味精、白糖、料酒、
水淀粉、清汤、
植物油各适量

做法

1. 夏威夷果、腰果放入热油中炸至金黄色，捞出沥油；百合洗净，掰成小瓣。

2. 四季豆择洗干净，切去两头，与百合一起放入沸水中焯透，捞出沥干。

3. 锅中加入底油烧热，先用葱花、姜末炝锅，再烹入料酒，添入少许清汤。

4. 然后加入精盐、味精、白糖调匀，待汤沸时用水淀粉勾芡，放入夏威夷果、腰果、百合、四季豆炒匀，淋入明油即可。

◎清香 ⓛ15分钟

什锦豌豆粒

原料

豌豆粒200克，胡萝卜、
荸荠、黄瓜、土豆、
水发黑木耳、
豆腐干各50克

调料

葱末、姜末、精盐、
味精、白糖、料酒、
水淀粉、清汤、
植物油各适量

做法

1. 豌豆粒洗净；胡萝卜、荸荠、黄瓜、土豆、豆腐干分别洗涤整理干净，均切成小丁；木耳撕成小朵，放入沸水锅中焯烫一下，捞出过凉。

2. 锅中加油烧热，先下入葱、姜炒香，再放入豌豆粒、胡萝卜、荸荠、黄瓜、土豆、黑木耳、豆腐干翻炒均匀。

3. 然后加入料酒、精盐、味精、白糖、清汤烧至入味，再用水 淀粉勾芡，即可出锅装盘。

清香 ⏱10分钟

树椒土豆丝

原料

土豆400克

干树椒15克

香菜少许

调料

葱丝5克

精盐1小匙

味精1/2小匙

米醋、花椒油各2小匙

植物油适量

做法

1. 土豆洗净、去皮，切成细丝，先放入沸水锅中焯烫一下，再捞入冷水中浸泡10分钟；香菜择洗干净，切成小段。

2. 坐锅点火，加油烧至五成热，先下入干树椒小火慢慢炸出香味。

3. 再放入土豆丝、葱丝翻炒均匀，然后烹入米醋，旺火翻炒至土豆丝黏锅。

4. 加入精盐、味精、花椒油、香菜段炒至入味，即可出锅装盘。

鲜辣 ⏱15分钟

五色炒玉米

原料

嫩玉米粒(罐头)150克

豌豆粒、小香菇、

红椒、冬笋各30克

调料

葱末、姜末各5克

精盐、味精各1/2小匙

料酒1小匙

水淀粉2小匙

奶油、植物油各2大匙

做法

1. 将玉米粒取出，用清水冲净；香菇去蒂、洗净，切成小丁。

2. 红椒洗净，去蒂及籽，切成小丁；冬笋去壳、洗净，切成小丁；豌豆粒洗净，沥干水分。

3. 将五种原料分别放入沸水中焯透，捞出沥干。

4. 锅中加少许底油烧热，先用葱、姜炝锅，再烹入料酒，添入少许清水。

5. 然后加入精盐、味精、奶油烧沸，下入五色原料翻炒至入味，再用水淀粉勾芡，淋入明油，即可出锅装盘。

甜香 ⏱15分钟

胡萝卜炒木耳

原料

胡萝卜200克

水发黑木耳150克

调料

胡萝卜200克

水发黑木耳150克

做法

1. 将胡萝卜去皮、洗净，切成薄片；水发黑木耳去蒂、洗净，撕成小朵。分别放入沸水锅中焯烫一下，捞出沥干。

2. 坐锅点火，加油烧热，先下入姜末炒出香味，再放入胡萝卜片、黑木耳翻炒片刻。

3. 然后烹入料酒，加入精盐、鸡精、酱油、白糖炒熟至入味，即可出锅装盘。

银杏百合炒芦笋

原料
芦笋250克
银杏100克
鲜百合50克

调料
精盐、生抽、胡椒粉、
香油各1/2小匙
植物油2大匙

做法

1. 将芦笋去根及老皮，切成小段，再放入沸水锅中，加入少许精盐焯烫一下，捞出过凉。

2. 银杏去壳，放入沸水中煮约2分钟，捞出沥干；百合去根、洗净，掰成小瓣。

3. 坐锅点火，加油烧热，先下入芦笋段、百合、银杏炒香，再放入精盐、生抽、胡椒粉、香油炒至入味，即可出锅装盘。

◎清香 ⏱10分钟

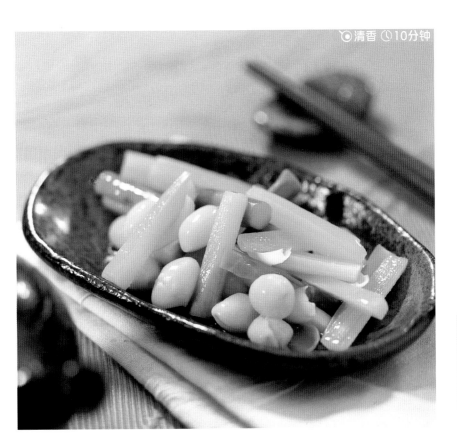

第一章 清香蔬菜

第二章

营养畜肉

家常炒猪肚

原料

猪肚350克
白萝卜50克

调料

红辣椒末5克
葱段、姜片、
蒜末各少许
精盐、味精各1/2小匙
料酒1小匙
植物油2大匙

做法

1. 将猪肚洗涤整理干净，放入沸水锅中焯透，再捞出冲净，放入清水锅中，加入葱段、姜片、料酒煮熟，然后捞出晾凉，切成大片。

2. 白萝卜去皮、洗净，切成小丁，放入沸水中焯熟，捞出沥干。

3. 炒锅置火上，加油烧热，先下入蒜末、红辣椒末炒出香味。

4. 再放入猪肚片、白萝卜丁、精盐、味精翻炒至熟，即可出锅装盘。

咸香 ⏱15分钟

熘肝尖

原料

猪肝300克

胡萝卜片、

黄椒片各25克

调料

葱末、姜末、

蒜末各少许

精盐、味精、

米醋各1/2小匙

白糖1/2大匙

酱油、料酒各1大匙

花椒油、淀粉各1小匙

水淀粉、植物油各适量

做法

1. 猪肝洗净、切片，先用少许精盐、味精、料酒、淀粉抓匀，再下入五成热油中滑散，捞出沥油。

2. 料酒、酱油、白糖、味精、水淀粉调成芡汁。

3. 锅中加入底油烧热，先用葱、姜、蒜炝锅，再烹入米醋，放入胡萝卜片、黄椒片略炒。

4. 然后加入猪肝，泼入芡汁炒匀，再淋入花椒油，即可出锅。

第二章 营养畜肉

清香 ⊙15分钟

冬笋炒牛肉

原料

牛里脊肉250克

冬笋100克

调料

葱末、姜末、酱油、
味精、白糖、胡椒粉、
料酒、淀粉、水淀粉、
清汤、香油、
植物油各适量

做法

1. 将牛里脊肉、冬笋分别洗净，均切成细丝。

2. 坐锅点火，加油烧热，下入牛肉丝滑散、滑透，捞出沥油。

3. 锅中留少许底油烧热，先下入冬笋丝、葱末、姜末炒出香味。

4. 再放入酱油、料酒、白糖、清汤、牛肉丝翻炒均匀。

5. 然后加入味精、胡椒粉，淋入香油，再用水淀粉勾薄芡，即可出锅装盘。

麻辣羊肝

原料

羊肝500克

青笋100克

调料

葱段20克

精盐、味精、

生抽各1/2小匙

辣椒粉1小匙

辣椒油2小匙

花椒油、胡椒粉、

料酒、香油、

植物油各少许

做法

1. 羊肝洗净，切成大块，再放入沸水中略焯，捞出过凉，切成大片；青笋去皮、洗净，切成菱形片。

2. 将精盐、味精、辣椒油、花椒油、胡椒粉、香油、生抽、辣椒粉、料酒调匀成味汁。

3. 锅中加入植物油烧热，先下入葱段、羊肝略炒，再放入青笋炒匀，然后烹入味汁炒至入味，即可出锅。

第二章 营养畜肉

鱼香肉丝

原料

猪腿肉250克

净冬笋50克

水发黑木耳40克

红泡椒末25克

调料

葱花、蒜末各10克

姜末5克

精盐、酱油各1小匙

白糖、米醋各2小匙

水淀粉1大匙

肉汤、植物油各适量

做法

1. 将冬笋、水发黑木耳洗净，切成细丝，再放入沸水锅中焯烫一下，捞出沥干。

2. 精盐、白糖、米醋、酱油、水淀粉、肉汤放入小碗中调匀成芡汁。

3. 猪腿肉剔去筋膜、洗净，先片成薄片，再切成7厘米长、0.3厘米粗的丝，然后放入碗中，加入少许精盐和水淀粉拌匀上浆。

4. 炒锅置火上，加油烧至六成热，下入猪肉丝炒散至变色。

5. 再滗去锅中余油，放入红泡椒末、姜末、蒜末炒香上色。

6. 然后加入冬笋丝、黑木耳丝和葱花翻炒均匀，烹入调好的芡汁炒匀收汁，即可出锅装盘。

香辣 15分钟

香辣牛肉丁

原料

牛里脊肉500克

黄瓜100克

调料

葱花、姜末、
蒜片各20克

精盐、味精、黑胡椒
粉、白糖、酱油、
香油各适量

辣椒酱、料酒各2小匙

水淀粉、高汤各2大匙

植物油3大匙

做法

1. 牛肉洗净、切丁，先用料酒、黑胡椒粉略腌，再加入酱油、水淀粉、香油抓匀；黄瓜洗净、切丁。

2. 小碗中放入高汤、水淀粉、酱油、精盐、白糖、味精、葱花、姜末、蒜片调匀，制成味汁。

3. 锅中加油烧热，先下入牛肉丁略炒，再放入辣椒酱、黄瓜丁翻炒2分钟，然后倒入味汁翻炒至入味，即可出锅装盘。

辣子羊里脊

原料

羊里脊肉300克
青椒、冬笋各50克
鸡蛋清1个

调料

葱花10克
姜末、蒜末各5克
精盐、白糖各1小匙
味精1/2小匙
酱油、料酒、
香油各1大匙
辣椒酱、淀粉各3大匙
清汤、植物油各2大匙

做法

1. 将羊肉洗净、切丁，加入鸡蛋清、淀粉、精盐、辣椒酱抓匀；冬笋、青椒分别洗净，切成小丁。

2. 锅中加油烧热，先下入葱花、姜末、蒜末炒香，再放入羊里脊肉、青椒、冬笋略炒。

3. 然后加入料酒、酱油、白糖、味精翻炒至入味，再添入清汤，用水淀粉勾芡，淋入香油炒匀，即可出锅装盘。

香辣 ⏱15分钟

果仁肉丁

原料

猪瘦肉500克
黄瓜丁50克
熟花生仁30克
胡萝卜丁20克
鸡蛋1个

调料

葱末、蒜末、
红干椒段各10克
精盐、白糖各1小匙
姜末、味精、香油各少许
酱油、淀粉、水淀粉、
植物油各适量

做法

1. 猪肉洗净、切丁，加入少许酱油、精盐、鸡蛋液、水淀粉抓匀，再下入热油锅中略炸，捞出沥油。

2. 酱油、精盐、味精、白糖、淀粉、清水放入容器中，调成味汁。

3. 锅中加底油烧热，先下入葱、姜、蒜、红干椒炒香。

4. 再放入猪肉、胡萝卜、花生仁、黄瓜炒匀，然后倒入味汁翻炒均匀至入味，淋入香油，即可出锅。

◎甜香 ⏱15分钟

香辣肉丝

原料

猪里脊肉250克

青尖椒丝30克

香菜段20克

鸡蛋清1个

调料

红干椒、葱丝、
姜丝、蒜片各10克
精盐、味精、鸡精、
白糖、料酒、辣椒油、
酱油、水淀粉、
香油、蚝油、清汤、
植物油各适量

做法

1. 猪肉洗净，切成细丝，加入料酒、水淀粉、蛋清抓匀，下入四成热油中滑熟，捞出沥油。

2. 锅中留底油烧热，先下入葱、姜、蒜、红干椒炒香，再烹入料酒，加入精盐、味精、鸡精、酱油、蚝油、清汤、尖椒丝、肉丝略炒。

3. 然后用水淀粉勾芡，撒入香菜段，淋入香油、辣椒油炒匀，即可出锅。

香辣 ⏱15分钟

第二章 营养畜肉

◎清香 ⏱15分钟

青笋炒肝片

原料

猪肝250克
青笋100克
红椒20克

调料

葱段、姜片各少许
精盐、白糖、
胡椒粉各1/2小匙
味精、淀粉、
料酒各1小匙
水淀粉2小匙
植物油3大匙

做法

1. 青笋去皮、洗净，切成菱形片；红椒洗净，去蒂及籽，切成小片。

2. 精盐、白糖、料酒、水淀粉放入小碗中调匀成芡汁。

3. 猪肝洗净，切成厚片，再放入碗中，加入少许精盐、味精、料酒、淀粉拌匀，码味上浆。

4. 坐锅点火，加油烧至五成热，下入猪肝片滑散、滑透，捞出沥油。

5. 锅中留少许底油烧热，先下入葱段、姜片煸炒出香味。

6. 再放入青笋片、红椒片炒至断生，下入猪肝片翻炒均匀。

7. 然后烹入芡汁，加入胡椒粉、味精炒至入味，即可出锅装盘。

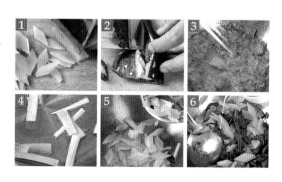

熘肥肠

原料

熟猪肥肠300克
黄瓜片50克

调料

葱末、姜末、蒜末各5克
精盐、味精、白糖、
米醋、香油各1小匙
酱油、料酒各1大匙
水淀粉2小匙
植物油适量

做法

1. 将熟肥肠放在案板上，切成斜段，下入沸水锅中焯透，捞出沥干，再放入七成热油锅中浸炸一下，捞出沥油。

2. 小碗中加入精盐、味精、酱油、白糖、米醋、料酒、水淀粉调匀成味汁。

3. 锅中加油烧热，先下入葱、姜、蒜炒香，再放入肥肠、黄瓜、味汁、香油炒匀，即可出锅。

香辣 ⏱15分钟

辣炒肉皮

原料

猪肉皮500克

香菜段25克

调料

红干椒丝10克

葱丝、蒜末各5克

精盐、米醋各1小匙

五香粉、味精各少许

水淀粉2小匙

酱油1大匙

清汤适量

植物油2大匙

做法

1. 将猪肉皮刮洗干净，放入沸水锅中煮至软烂，再捞出晾凉，片去肥肉，切成细丝，然后放入温水中洗净，捞出沥干。

2. 锅中加油烧至六成热，先下入红干椒丝、葱丝、蒜末炒香，再放入肉皮丝翻炒均匀。

3. 然后加入五香粉、精盐、酱油、米醋、清汤、味精炒至入味，再用水淀粉勾芡，撒入香菜段，即可出锅装盘。

第二章 营养畜肉

89

熟炒牛肚丝

原料

牛肚300克

黄瓜150克

调料

葱段、姜片各5克

蒜末10克

八角2粒

花椒10粒

精盐1/2小匙

味精1小匙

料酒2大匙

米醋、香油各1大匙

做法

1. 黄瓜去蒂、洗净，切成细丝。

2. 牛肚去除肚油及杂质，反复冲洗，再用沸水焯烫一下，捞出冲净。

3. 然后放入清水锅中，加入八角、花椒、葱段、姜片煮熟，再捞出过凉，切成细丝。

4. 锅中加入香油烧热，先下入葱、姜炒香，再放入牛肚丝，烹入料酒，加入精盐、味精炒匀。

5. 然后放入蒜片、黄瓜丝略炒，再淋入香油，即可出锅。

川香回锅肉

原料

熟五花肉300克

油菜30克

黑木耳15克

调料

红干椒20克

葱片15克

精盐、味精各1/2小匙

白糖、辣椒酱、

米醋各1/2大匙

料酒、酱油各1大匙

植物油750克(约耗50克)

做法

1. 熟五花肉切成大片，放入热油锅中滑透，捞出沥油；油菜洗净，切成小段。

2. 黑木耳用清水泡发，撕成小朵；红干椒洗净，去蒂及籽，切成小段。

3. 锅中加油烧热，先下入葱片炒香，再烹入料酒，加入精盐、味精、白糖、辣椒酱、米醋、料酒、酱油和少许清水烧沸。

4. 然后放入猪肉片、红干椒、黑木耳、油菜段翻炒至入味，即可出锅装盘。

第二章 营养畜肉

韭黄炒肚丝

原料

熟猪肚300克

韭黄200克

红辣椒25克

调料

精盐、花椒油各1小匙

米醋、料酒各1大匙

面粉、植物油各2大匙

做法

1. 韭黄择洗干净，切成5厘米长的段；红辣椒洗净，去蒂及籽，切成细丝。

2. 将熟猪肚内侧翻过来，片去油脂和杂质，用清水洗净，再放入加有少许料酒的沸水中焯烫一下，捞出过凉，切成细丝。

3. 炒锅置火上，加油烧至七成热，先下入红辣椒丝煸炒出香味。

4. 再往锅中烹入料酒，放入猪肚丝，用旺火快速翻炒均匀。

5. 然后撒入韭黄段翻炒至熟，加入精盐、米醋炒至入味。

6. 最后淋入花椒油炒匀，即可出锅装盘。

麻辣猪肝

原料

猪肝300克

油炸花生米75克

调料

葱段、姜片、蒜末各5克

红干椒段10克

精盐、白糖、

花椒各1小匙

味精、米醋各少许

酱油、水淀粉各1大匙

料酒2大匙

高汤、植物油各适量

做法

1. 猪肝洗净，切成薄片，再放入碗中，加入少许精盐、料酒、水淀粉、植物油拌匀上浆。

2. 小碗中加入料酒、水淀粉、葱段、姜片、蒜末、白糖、酱油、米醋、味精和高汤调匀，制成味汁。

3. 锅中加油烧热，先下入红干椒、花椒炸香，再放入肝片炸透，然后加入味汁、花生米炒匀，出锅上桌即可。

爆炒排骨

原料

猪排骨350克
红辣椒30克
香菜20克

调料

蒜片20克
姜片10克
八角1粒
鸡精1大匙
白糖2小匙
酱油、醪糟、
香油各2大匙

做法

1. 将猪排骨洗净，剁成小块，先加入酱油、鸡精、八角腌渍入味。

2. 再下入热油锅中炸至熟透，捞出沥油；香菜择洗干净，切成小段；红辣椒洗净，去蒂及籽，切成小片。

3. 炒锅上火，加入香油烧热，先下入姜片、蒜片、红辣椒段炒香。

4. 再放入猪排骨、酱油、香菜段、醪糟、白糖及适量清水炒至收汁，即可出锅装盘。

香辣 ⓘ20分钟

第二章 营养畜肉

熘炒羊肝

原料

羊肝500克

青椒、红椒、
洋葱各50克

调料

葱花、蒜片、精盐、
味精、鸡精、酱油、
料酒、水淀粉、香油、
植物油各适量

做法

1. 将羊肝洗净，切成柳叶片，放入容器中，先用水淀粉抓匀上浆，再下入三成热油中滑散、滑熟，捞出沥油；洋葱、青椒、红椒分别洗净，切成菱形片。

2. 锅中留少许底油，先下入葱花、洋葱、青椒、红椒炒香，再放入羊肝炒匀。

3. 然后加入酱油、料酒、精盐、味精、鸡精、蒜片炒至入味，再用水淀粉勾芡，淋入香油，即可出锅装盘。

香辣 ⏱15分钟

芫爆肚丝

原料

猪肚500克
香菜段50克

调料

葱丝、姜丝、
蒜片各10克
精盐、味精、姜汁、
胡椒粉各1小匙
米醋3大匙
料酒、食用碱、
植物油各2大匙

做法

1. 将猪肚用食用碱、米醋反复搓洗，去除白油及杂质，冲洗干净，再放入沸水锅中，加入葱段、姜片、料酒煮熟，捞出晾凉，切成粗丝。

2. 锅中加油烧热，先下入葱、姜、蒜炒香，再放入肚丝炒匀，然后加入料酒、精盐、姜汁、味精、米醋、胡椒粉、香菜炒至入味，再淋入香油，即可出锅。

清香 ⏱15分钟

人气炒菜

泡椒炒羊肝

原料

羊肝300克

红泡椒5个

蒜苗25克

调料

姜末、精盐、味精、
胡椒粉、料酒、
水淀粉、香油、
植物油各适量

做法

1. 红泡椒洗净，切成两半；蒜苗择洗干净，切成小段。

2. 羊肝用清水浸泡，去除血水，捞出擦净，再剔去筋膜，切成薄片。

3. 锅中加入适量清水和料酒烧沸，放入羊肝片焯至变色，捞出沥干。

4. 炒锅置火上，加油烧热，先下入姜末、红泡椒炒出香辣味。

5. 再放入羊肝片、蒜苗段爆炒至断生，加入精盐、味精、胡椒粉翻炒至入味。

6. 然后用水淀粉勾薄芡，淋入少许香油，即可出锅装盘。

葱爆肉片

原料

猪瘦肉400克

大葱150克

调料

精盐1小匙

味精、米醋各1/2小匙

酱油、花椒水各1大匙

甜面酱2小匙

香油少许

植物油3大匙

做法

1. 猪肉洗净，切成大片，再放入碗中，加入甜面酱、香油抓拌均匀，腌渍15分钟；大葱去皮、洗净，切成细丝。

2. 炒锅置火上，加油烧热，先下入猪肉片翻炒至八分熟，再放入葱丝快速炒匀。

3. 然后加入米醋、酱油、花椒水、精盐、味精翻炒至入味，即可出锅。

葱香 ⏱15分钟

杭椒牛柳

原料

牛里脊肉300克
杭椒200克
鸡蛋1个

调料

精盐、味精、
鸡精各1/2小匙
料酒2大匙
淀粉1大匙
水淀粉2小匙
嫩肉粉、香油各1小匙
植物油适量

做法

1. 牛肉洗净、切条，加入味精、鸡精、料酒、蛋液、嫩肉粉、淀粉抓匀上浆；杭椒洗净，切去两端。

2. 锅中加油烧至六成热，先下入牛肉滑熟，捞出沥油，再放入杭椒滑至翠绿，捞出沥干。

3. 锅中留底油烧热，先放入杭椒、牛肉、精盐、味精、鸡精、料酒翻炒均匀，再用水淀粉勾芡，淋入香油，即可出锅装盘。

第二章 营养畜肉

101

爆两样

原料

猪肝、熟猪大肠各100克
黄瓜片、胡萝卜片、
水发黑木耳各20克
鸡蛋清1个

调料

葱末、姜末、蒜末、
精盐、味精、米醋、
酱油、料酒、水淀粉、
植物油各适量

做法

1. 大肠切成斜段；猪肝洗净、切片，用水淀粉、蛋清拌匀上浆，再下入六成热油中滑熟，捞出沥油。

2. 小碗中加入精盐、味精、酱油、米醋、料酒、葱、姜、蒜、水淀粉调匀，制成味汁。

3. 锅中留底油烧热，先下入猪肝、猪大肠、黄瓜片、胡萝卜片、黑木耳翻炒均匀，再烹入味汁炒至入味，即可出锅装盘。

洋葱炒猪肝

原料

猪肝300克

洋葱150克

红泡椒15克

调料

精盐、味精各1小匙

酱油1大匙

白糖、米醋各1/2大匙

淀粉2大匙

水淀粉2小匙

清汤80克

植物油500克(约耗50克)

做法

1. 将猪肝洗净、切片,加入精盐、味精拌匀,再拍上淀粉,下入六成热油中炸至熟透,捞出沥油;洋葱去皮、洗净,切成小块。

2. 锅中留底油烧热,先下入洋葱、红泡椒炒香,再烹入米醋,加入精盐、味精、酱油、白糖和清汤烧沸。

3. 然后用水淀粉勾芡,倒入炸好的猪肝翻炒均匀,即可出锅装盘。

清炒牛肚片

原料

牛肚350克

青椒、红椒各25克

调料

葱段、姜末、

蒜片各少许

精盐、味精、

胡椒粉各1/2小匙

料酒、酱油各2大匙

白糖、米醋各1/2大匙

花椒油1大匙

淀粉、水淀粉、清汤、

植物油各适量

做法

1. 将牛肚片去油脂，放入清水盆中，加入精盐、淀粉浸泡10分钟，反复搓洗干净，再放入清水锅中煮熟，捞出过凉，切成小块。

2. 青椒、红椒分别洗净，去蒂及籽，切成小块。

3. 炒锅置火上，加入少许底油烧热，先下入葱段、姜末、蒜片炒出香味。

4. 再烹入料酒、米醋，添入少许清汤烧沸。

5. 然后加入酱油、白糖、胡椒粉、精盐、味精，放入牛肚片、青椒块、红椒块翻炒至入味。

6. 再用水淀粉勾薄芡，淋入少许花椒油炒匀，即可出锅装盘。

嫩香 ⏱15分钟

青瓜虾仁炒蹄筋

原料

熟猪蹄筋250克

丝瓜150克

虾仁50克

调料

精盐1/2小匙

料酒2小匙

水淀粉1大匙

鸡清汤100克

植物油300克(约耗30克)

做法

1. 将熟蹄筋切成小条；虾仁去沙线、洗净；丝瓜去皮、洗净，剖成两半，再去除瓜瓤，切成4厘米长、1厘米宽的条。

2. 炒锅上火，加油烧至四成热，放入丝瓜条烫至翠绿色，捞出沥油。

3. 锅中留底油烧热，先下入虾仁略炒，再放入猪蹄筋、丝瓜条炒匀。

4. 然后添入鸡清汤，加入精盐、料酒烧沸，再用水淀粉勾芡，即可出锅装盘。

辣子肥肠

原料

猪大肠500克

红干椒100克

调料

姜片、蒜片各5克

花椒粒10克

精盐、白糖各1/2小匙

酱油1小匙

鸡精1小匙

料酒1大匙

植物油2大匙

做法

1. 将猪大肠洗涤整理干净，放入清水锅中煮熟，再捞出晾凉，切成小段，然后下入六成热油中炸至略干，捞出沥油；红干椒剪成小段。

2. 锅中留底油烧热，先下入姜片、蒜片炒香，再放入红干椒、花椒粒炒至变色。

3. 然后加入大肠翻炒均匀，再放入精盐、料酒、酱油、白糖、鸡精炒至入味，即可出锅装盘。

香辣 ⏱20分钟

蚝油牛肉丝

原料
牛肉350克
平菇100克
胡萝卜25克
调料
姜丝5克
白糖、料酒各1小匙
酱油、蚝油、
水淀粉各2小匙
香油1/2小匙
植物油适量

做法

1. 将平菇去蒂、洗净，撕成细条；胡萝卜去皮、洗净，切成细丝。

2. 牛肉去筋膜、洗净，切成细丝，再加入少许酱油、水淀粉拌匀上浆，然后下入热油锅中滑散、滑熟，捞出沥油。

3. 锅中留少许底油烧热，先下入姜丝炒香，再放入胡萝卜丝、平菇条、牛肉丝略炒。

4. 然后添入少许清水，加入酱油、白糖、料酒、蚝油炒至入味，再用水淀粉勾芡，淋入香油，即可出锅装盘。

咸香 ⏱15分钟

家常牛肉粒

原料

牛里脊肉400克
红干椒25克
鸡蛋1个

调料

葱末、姜末各10克
蒜片15克
精盐、味精各1小匙
酱油、水淀粉、淀粉、
面粉、花椒粉、香油、
牛肉汤、植物油各适量

做法

1. 牛里脊肉洗净，切成小丁，再放入碗中，加入鸡蛋液、面粉、淀粉和少许精盐抓匀上浆；精盐、酱油、味精、水淀粉、牛肉汤放入碗中，调成味汁。

2. 净锅置火上，加油烧至六成热，放入牛肉丁炸至表皮稍硬，捞出磕散，待油温升至九成热时，再入锅炸至金黄色，捞出沥油。

3. 锅中留少许底油烧热，下入葱末、姜末、蒜片、红干椒炒香，放入花椒粉、牛肉丁炒匀，倒入味汁炒至收汁，淋入香油，即可出锅。

◎香辣 ⏱20分钟

第二章 营养畜肉

青笋炒腊肉

原料

腊肉250克

青笋200克

红椒50克

蒜苗25克

调料

精盐、味精、
料酒各1小匙

鲜汤2大匙

熟猪油1大匙

做法

1. 青笋去皮、洗净，切成菱形片，加入少许精盐腌出水分；蒜苗择洗干净，切成小段。

2. 红椒洗净，去蒂及籽，切成菱形片。

3. 腊肉用温水洗净，装入盘中，再放入蒸锅中蒸熟，取出去皮，切成大薄片。

4. 炒锅置旺火上，加入熟猪油烧至六成热，先下入腊肉片煸炒出油。

5. 再放入红椒片、青笋片翻炒均匀。

6. 然后加入精盐，烹入料酒，添入鲜汤，快速翻炒至青笋片断生。

7. 再加入味精，撒入蒜苗段炒匀，淋入明油，出锅装盘即可。

芥蓝炒牛肉

原料

牛里脊肉300克

芥蓝150克

调料

姜片5克

白糖1小匙

酱油、料酒、

水淀粉各1大匙

蚝油2大匙

植物油适量

做法

1. 将牛里脊肉洗净，切成大片，先加入酱油、料酒、水淀粉抓匀上浆，腌渍10分钟，再下入七成热油中滑熟，捞出沥油。

2. 芥蓝洗净、切段，用沸水略焯，捞出冲凉。

3. 净锅置火上，加油烧热，先下入姜片炒香，再放入芥蓝略炒。

4. 然后加入牛肉、蚝油、白糖翻炒均匀，再用水淀粉勾芡，即可出锅装盘。

清香 15分钟

咸香 ⏱15分钟

蜇头爆里脊肉

原料

猪里脊肉200克

水发海蜇头100克

香菜段50克

调料

葱花、姜丝、

蒜末各少许

精盐、味精各1/2小匙

料酒、花椒水各1大匙

水淀粉2小匙

米醋、香油各1小匙

植物油2大匙

做法

1. 将猪肉洗净，切成细丝；海蜇头切成细丝，洗净泥沙，再放入沸水锅中焯透，捞出沥干。

2. 炒锅置火上，加油烧热，先用葱、姜、蒜炝锅，再放入肉丝炒至变色。

3. 然后烹入料酒、米醋，加入蜇头丝、花椒水、精盐、味精炒至入味，再用水淀粉勾芡，淋入香油，撒入香菜段，即可出锅装盘。

第二章 营养畜肉

113

尖椒炒猪心

原料

猪心250克

尖椒100克

胡萝卜50克

调料

姜末5克

精盐、味精、

白糖各1/2小匙

酱油、料酒各1小匙

水淀粉1大匙

鲜汤100克

植物油2大匙

做法

1. 猪心洗净、切片，用水淀粉、精盐拌匀上浆，再下入六成热油中滑熟，捞出沥油。

2. 尖椒洗净，去蒂及籽，切成小块；胡萝卜去皮、洗净，切成小片。

3. 净锅置火上，加油烧热，先下入姜片、胡萝卜片、尖椒略炒，再添入鲜汤，放入猪心炒匀。

4. 然后加入料酒、酱油、精盐、味精、白糖炒至入味，再用水淀粉勾芡，即可出锅装盘。

里脊肉炒青椒

原料

猪里脊肉300克
青椒150克
鸡蛋清1个

调料

葱花、姜丝各5克
精盐、味精、酱油、
料酒、米醋各1/2小匙
水淀粉1大匙
植物油适量

做法

1. 猪肉洗净、切丝，放入碗中，加入蛋清、精盐、水淀粉抓匀；青椒洗净，去蒂及籽，切成细丝。

2. 炒锅置火上，加油烧热，放入猪肉丝滑散至变色，捞出沥油。

3. 锅中留底油烧热，先下入葱花、姜丝炒香，再放入青椒丝略炒。

4. 然后加入猪肉丝、精盐、酱油、料酒、味精炒至入味，再用水淀粉勾芡，淋入明油，即可出锅装盘。

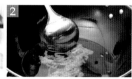

第二章 营养畜肉

柠檬里脊片

原料

猪里脊肉300克
青椒30克
鸡蛋清2个

调料

蒜末、精盐、味精、
白糖、米醋、柠檬汁、
料酒、淀粉、水淀粉、
植物油各适量

做法

1. 猪肉洗净，切成薄片，加入精盐、料酒、蛋清、淀粉抓匀上浆；青椒洗净，去蒂及籽，切成小片。

2. 柠檬汁、精盐、味精、白糖、米醋放入容器中，调匀成味汁。

3. 锅中加油烧热，先下入肉片炸至淡黄色，捞出沥油，再放入青椒片略炸一下，捞出沥干。

4. 锅中留少许底油烧热，先放入蒜末、味汁、水淀粉炒匀，然后加入肉片、青椒炒至入味，即可出锅。

酱爆羊肉丁

原料

羊肉300克
炸花生仁50克
鸡蛋1个

调料

葱花、姜末、
蒜片各少许
精盐、味精各1/2小匙
白糖、淀粉各1大匙
黄酱、料酒各2大匙
香油、水淀粉、
植物油各适量

做法

1. 羊肉洗净、切丁，用精盐、味精、料酒、鸡蛋液、淀粉抓匀，再下入五成热油中滑透，捞出沥油。

2. 锅中留底油烧热，先用葱、姜、蒜炝锅，再烹入料酒，加入黄酱、白糖炒香。

3. 然后放入精盐、味精和少许清水烧沸，再下入肉丁、花生仁炒匀，用水淀粉勾芡，淋入香油，即可出锅装盘。

酱香 15分钟

第二章 营养畜肉

117

家常煸牛肉丝

原料

牛里脊肉600克

芹菜、红干椒各30克

调料

精盐、味精、白糖、

酱油各1/2小匙

淀粉5大匙

花椒油2小匙

植物油1000克

（约耗100克）

做法

1. 将牛里脊肉去筋膜、洗净，切成细丝，再拍匀淀粉，下入七成热油中冲炸一下，捞出沥油。

2. 芹菜择洗干净，切成小段；红干椒洗净，去蒂及籽，切成细丝。

3. 锅中留少许底油烧热，先下入红干椒丝、芹菜段炒香，再加入精盐、白糖、酱油、牛肉丝煸炒至酥香。

4. 然后放入味精，淋入花椒油翻炒均匀，即可出锅装盘。

○香辣 ⏱15分钟

滑炒里脊

原料

猪里脊肉250克
黄瓜片50克
水发黑木耳、胡萝卜片
各20克
鸡蛋清1个

调料

葱花、姜末、蒜片各5克
精盐、味精各1/2小匙
白糖1小匙
料酒1大匙
水淀粉2小匙
香油、植物油各适量

做法

1. 猪肉洗净，切成薄片，加入精盐、味精、蛋清、淀粉拌匀，再下入四成热油中滑透，捞出沥油。

2. 精盐、味精、白糖、水淀粉调匀，制成味汁。

3. 锅中留底油，用葱、姜、蒜炝锅，烹入料酒，放入黄瓜、木耳、胡萝卜炒匀，加入肉片、味汁炒至入味，淋入香油，即可出锅装盘。

咸香 ⏱15分钟

双豆茶香排骨

原料

猪排骨400克

鲜豌豆60克

干芸豆40克

小白菜30克

茶叶5克

调料

姜末5克

精盐、白糖、
酱油各1小匙

鸡精、胡椒粉各1/2小匙

香油、鱼露各1/2大匙

水淀粉、植物油各2大匙

做法

1. 排骨洗净、剁成小块，放入沸水中焯烫一下，再捞出沥干，加入酱油拌匀；茶叶泡水；干芸豆煮熟。

2. 锅中加油烧热，先下入姜末炒香，再放入排骨段炒匀。

3. 然后加入茶汁煮约20分钟，放入豌豆、芸豆、小白菜略煮。

4. 加入精盐、白糖、鸡精、胡椒粉、香油、鱼露、水淀粉炒匀入味，即可出锅。

沙茶牛肉

原料

牛肉200克

空心菜150克

红辣椒25克

调料

姜片、蒜片各10克

精盐、鸡精、

白糖各1/2小匙

酱油、料酒、

沙茶酱各1大匙

蚝油、香油各1小匙

植物油适量

做法

1. 牛肉洗净，切成薄片，加入精盐、鸡精、蚝油拌匀，腌渍10分钟。

2. 再放入热油锅中滑至熟嫩，捞出沥油；空心菜择洗干净，切成小段；红辣椒切片。

3. 锅中留底油烧热，先下入姜片、蒜片、红辣椒炒香，再放入空心菜、牛肉片炒匀。

4. 然后加入沙茶酱、白糖、酱油、料酒炒至入味，再淋入香油，即可出锅装盘。

第二章 营养畜肉

121

○蒜香 ⏱15分钟

青蒜炒猪肝

原料

猪肝300克

青蒜苗100克

调料

葱段、姜片各10克

精盐1小匙

味精1/2小匙

酱油、水淀粉各2小匙

料酒2大匙

植物油3大匙

做法

1. 将猪肝洗净，放入沸水锅中，加入葱段、姜片、料酒焯至断生，再捞出晾凉，切成薄片。

2. 青蒜苗择洗干净，切成小段。

3. 炒锅置火上，加入植物油烧至三成热，先下入青蒜苗炒香，再放入料酒、酱油、精盐、味精翻炒均匀。

4. 然后下入猪肝片翻炒至入味，再用水淀粉勾芡，即可出锅装盘。

蟹黄蹄筋

原料

水发猪蹄筋500克

蟹黄150克

调料

葱段、姜片各15克

精盐、味精、

白糖各1/2小匙

酱油、料酒、

水淀粉各1大匙

清汤200克

熟猪油、熟鸡油各适量

做法

1. 将猪蹄筋洗净，切成小段，先放入沸水锅中焯透，捞出冲净，再下入清汤锅中，加入酱油、料酒煮熟，捞出沥干。

2. 炒锅置火上，加入熟猪油烧至六成热，先下入葱段、姜片炒香。

3. 再放入蟹黄、猪蹄筋炒匀，然后加入精盐、味精、白糖炒至入味，再用水淀粉勾芡，淋入熟鸡油，即可出锅装盘。

清香 20分钟

第三章

美味禽蛋

鸭片爆肚仁

原料

鸭肉300克

猪肚仁200克

鸡蛋清1个

调料

蒜末、精盐、鸡精、

料酒、淀粉、水淀粉、

植物油各适量

做法

1. 鸭肉洗净、切片，用精盐、蛋清、淀粉抓匀，再下入四成热油中滑散、滑透，捞出沥油。

2. 肚仁洗净，切成小块，再放入沸水中略焯，捞出沥干，然后下入七成热油中炸约2分钟，捞出沥油；鸡汤、料酒、鸡精、水淀粉、精盐调成味汁。

3. 锅中加入底油烧热，先下入蒜末炒出香味，再放入鸭肉片、猪肚仁翻炒片刻，然后烹入味汁炒至入味，即可出锅装盘。

咸香 15分钟

腰果鸡丁

原料

净鸡腿1只（约300克）
腰果30克
西芹丁、胡萝卜丁、
红椒丁、黄椒丁各15克
鸡蛋1个

调料

葱、姜、蒜、精盐、
味精、白糖、胡椒粉、
料酒、淀粉、水淀粉、
清汤、香油、
植物油各适量

做法

1. 鸡腿去骨、切丁，加入料酒、精盐、胡椒粉、蛋液、淀粉拌匀，再下入热油锅中炸透，捞出沥油。

2. 精盐、白糖、味精、料酒、葱花、水淀粉、香油放入小碗中调匀，制成味汁。

3. 锅中留底油烧热，先下入姜末、蒜片炒香，再放入鸡肉丁、红椒、黄椒、西芹、胡萝卜略炒，然后烹入味汁，加入腰果翻炒均匀，即可出锅装盘。

第三章 美味禽蛋

127

咸香 ⏱15分钟

鸭片鱿鱼卷

原料
净鸭胸肉250克
净鱿鱼200克
油菜心150克
鸡蛋清1个
调料
葱段、姜片、精盐、
鸡精、胡椒粉、白糖、
酱油、料酒、水淀粉、
鸡汤、植物油各适量

做法

1. 鸭肉切片，加入蛋清、精盐、料酒、胡椒粉、水淀粉抓匀上浆；鱿鱼剞上花刀，用沸水焯至打卷。

2. 锅中加油烧热，先下入鸭肉滑至五分熟，捞出沥油，再放入油菜心、鱿鱼卷略烫，捞出沥干。

3. 锅中加油烧热，下入葱、姜炒香，放入鸭肉、鱿鱼、油菜略炒，再加入精盐、鸡精、胡椒粉、白糖、酱油、料酒、鸡汤、水淀粉炒匀，即可出锅装盘。

银芽炒鸡丝

原料

鸡胸肉350克

绿豆芽100克

青椒丝、红椒丝各少许

鸡蛋清1个

调料

精盐、味精各1/2小匙

米醋、花椒水各1小匙

料酒2小匙

淀粉、水淀粉、

植物油各适量

做法

1. 鸡肉洗净、切丝，加入精盐、味精、鸡蛋清、淀粉抓匀上浆，再下入四成热油中滑散、滑熟，捞出沥油；绿豆芽掐去两端，洗净沥干。

2. 锅中加入底油烧热，先下入绿豆芽、青椒、红椒略炒。

3. 再烹入料酒，放入精盐、味精、花椒水、米醋翻炒均匀，然后用水淀粉勾芡，加入鸡肉丝炒匀，再淋入明油，即可出锅装盘。

第三章 美味禽蛋

129

炒鸡杂

原料

鸡肝、鸡胗、
鸡心各200克
青椒、红椒各50克
蒜苗20克
泡椒、野山椒各10克

调料

葱花、姜丝、
蒜片各少许
精盐、白糖各1小匙
鸡精1/2大匙
味精、水淀粉各2小匙
料酒1大匙
植物油适量

做法

1. 鸡肝、鸡胗、鸡心放入清水中浸泡，去除血水，捞出沥干，切成小片。

2. 青蒜苗择洗干净，切成小段；青椒、红椒分别洗净，去蒂及籽，切成小块。

3. 野山椒、泡椒分别去蒂、洗净，沥水，放在案板上，切成两半。

4. 炒锅置火上，加油烧热，放入鸡肝、鸡胗、鸡心滑至熟嫩，捞出沥油。

5. 锅中留少许底油烧热，先下入泡椒、野山椒、葱花、姜丝、蒜片炒出香味。

6. 再放入鸡肝、鸡胗、鸡心翻炒均匀，烹入料酒，加入青椒块、红椒块翻炒至熟。

7. 然后放入精盐、味精、鸡精、白糖调好口味，用水淀粉勾薄芡，撒入蒜苗段炒匀，即可出锅装盘。

香辣 ⏱15分钟

双冬辣鸡球

原料	做法

原料

鸡腿 1 只

冬菇块、冬笋块各50克

调料

葱花、姜末、蒜片各5克

红干椒10克

精盐、味精各1/2小匙

酱油、水淀粉各1大匙

鸡汤400克

植物油适量

做法

1. 将鸡腿去骨、切块，加入精盐、水淀粉拌匀，腌渍入味，再放入热油中炸至五分熟，捞出沥油，然后放入冬菇、冬笋略炸，捞出沥干。

2. 锅中加入鸡汤烧沸，放入鸡肉块、冬菇、冬笋、精盐、味精、酱油，用旺火烧至收汁，捞出沥干。

3. 锅中加入植物油烧热，先下红干椒、葱、姜、蒜炒香，再放入鸡肉块、冬菇、冬笋炒匀，即可出锅。

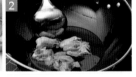

回锅鸭肉

原料

鸭胸肉300克

竹笋100克

菜花50克

青椒、红椒各20克

调料

精盐、白糖各1/2小匙

酱油、豆豉酱、辣豆瓣

酱、料酒各1大匙

水淀粉2小匙

植物油各2大匙

做法

1. 鸭肉洗净，用少许精盐、料酒擦匀，再放入蒸锅中蒸约12分钟，取出切片。

2. 竹笋洗净、切片；菜花、青椒、红椒洗净，切成小块。

3. 锅中加油烧热，先下入豆豉酱、辣豆瓣酱炒香，再放入笋片、菜花、青椒、红椒、鸭肉翻炒均匀。

4. 然后加入酱油、白糖炒至入味，再用水淀粉勾芡，即可出锅装盘。

香辣 ⏱25分钟

鸡肝炒什锦

原料

鸡肝350克

水发黑木耳100克

青椒片、红椒片各30克

调料

蒜末、花椒粒各5克

精盐、鸡精、米醋、

胡椒粉各1/2小匙

植物油2大匙

做法

1. 鸡肝洗净，放入锅中，加入清水、花椒煮熟，再捞出沥干，切成小块，然后用少许精盐、胡椒粉拌匀，腌渍15分钟。

2. 炒锅置火上，加油烧热，先下入鸡肝略炒，再放入青椒片、红椒片、蒜末、黑木耳炒匀。

3. 然后加入精盐、鸡精、胡椒粉、米醋翻炒至入味，即可出锅装盘。

香辣 ⏱15分钟

浮油鸡片

原料

鸡胸肉750克
冬笋片100克
青豆30克
鸡蛋清1个

调料

精盐1/2小匙
料酒1大匙
水淀粉2大匙
清汤100克
植物油适量

做法

1. 将鸡肉去筋膜、洗净，用刀背砸成细蓉，再加入鸡蛋清、水淀粉、精盐、清汤搅匀成鸡糊。

2. 锅中加油烧至四成热，用汤匙将鸡糊逐勺放入油中，待鸡蓉浮起呈薄片状时捞出沥油。

3. 锅中留底油烧热，先下入葱、姜炒香，再放入冬笋片、青豆、鸡蓉片翻炒均匀。

4. 然后加入精盐、料酒、清汤炒至入味，再放入味精炒匀，即可出锅。

清香 ⏱15分钟

人气炒菜

甜香 🕐15分钟

柠檬鸡球

原料

鸡腿肉300克

柠檬1个

洋葱、胡萝卜各25克

调料

精盐、鸡精、白糖、
料酒、酱油、香油、
高汤、植物油各适量

做法

1. 鸡腿肉洗净，剁成小块，再放入碗中，加入少许料酒、酱油拌匀，腌渍20分钟。

2. 柠檬洗净，切开挤汁，果皮切成大块。

3. 胡萝卜去皮、洗净，切成滚刀块；洋葱去皮、洗净，切成菱形片。

4. 炒锅置火上，加油烧至七成热，下入鸡肉块炸至金黄色，捞出沥油。

5. 锅中留少许底油烧热，先下入洋葱片炒软。

6. 再放入胡萝卜块、柠檬皮翻炒均匀。

7. 然后烹入料酒，添入适量高汤，加入精盐、白糖、酱油烧沸。

8. 再倒入炸好的鸡肉块，用旺火快速炒匀。

9. 最后加入鸡精，淋入香油、柠檬汁翻炒均匀，即可出锅装盘。

芦笋爆鹅肠

原料

鹅肠200克
芦笋150克

调料

精盐、鸡精、味精、
料酒、淀粉各1/2小匙
胡椒粉少许
水淀粉2小匙
植物油3大匙

做法

1. 将鹅肠洗净，切成小段，加入精盐、味精、淀粉、料酒抓匀上浆。

2. 将芦笋去皮、洗净，切成菱形块，再放入沸水锅中焯至断生，捞出沥干。

3. 炒锅置火上，加油烧至七成热，先下入鹅肠、芦笋略炒片刻，再放入精盐、料酒、味精快速翻炒均匀。

4. 然后用水淀粉勾芡收汁，出锅装盘，撒上胡椒粉即可。

咸香 ⏱10分钟

家味宫保鸡球

原料

鸡腿2只(约400克)
炸花生仁50克
青椒粒、红椒粒各30克

调料

红干椒15克
花椒、葱末各少许
姜末、蒜末各5克
精盐、酱油、料酒、
香油各1小匙
白糖、米醋、
淀粉、水淀粉、
植物油各适量

做法

1. 将鸡腿去骨，切成小丁，加入少许精盐、料酒、淀粉拌匀，腌渍5分钟。

2. 小碗中加入葱末、姜末、蒜末、少许精盐、白糖、米醋、酱油、水淀粉和适量清水，调成味汁。

3. 坐锅点火，加入植物油和香油烧热，先下入花椒粒炸出香味(捞出不用)。

4. 再放入红干椒略炸，下入鸡肉丁炒至变色，加入青椒粒、红椒粒翻炒均匀。

5. 然后倒入调好的味汁，旺火翻炒至入味，撒入炸花生仁即可。

第三章 美味禽蛋

甜香 ⏱15分钟

家味鸡里蹦

原料

鸡肉300克

鲜虾50克

玉米粒少许

青豆、胡萝卜丁各15克

鸡蛋清1个

调料

葱末、姜末各少许

精盐、鸡精各1小匙

料酒1大匙

水淀粉2大匙

植物油3大匙

做法

1. 鲜虾去壳，挑除沙线，洗净沥干；玉米粒、青豆、胡萝卜放入沸水中焯烫一下，捞出沥干。

2. 鸡肉洗净，沥水，切成小丁，加入蛋清、水淀粉拌匀上浆；精盐、料酒、水淀粉、鸡精调匀成味汁。

3. 锅中加油烧热，先下入葱、姜炒香，再放入鸡丁略炒。

4. 然后加入虾仁、玉米粒、青豆、胡萝卜丁炒至熟嫩，再烹入味汁翻炒至入味，即可出锅。

鸡蛋炒虾仁

原料

鸡蛋5个

大虾仁150克

调料

葱丝10克

姜丝5克

精盐、花椒水、

料酒各2小匙

味精1小匙

水淀粉1大匙

植物油适量

做法

1. 鸡蛋磕入碗中搅匀；虾仁去沙线、洗净，在背部片一刀，用水淀粉抓匀上浆，再下入六成热油中滑散，待虾仁打卷时捞出，沥干油分。

2. 锅中留底油烧热，先倒入鸡蛋液炒成蛋花，再放入葱丝、姜丝、虾仁炒匀。

3. 然后加入精盐、花椒水、料酒翻炒至入味，再放入味精，淋入明油，即可出锅装盘。

青笋炒鸡胗

原料

鸡胗200克

青笋150克

红椒30克

调料

葱段、姜片各5克

精盐、味精各1/2小匙

料酒、水淀粉各1大匙

鲜汤2大匙

植物油、香油各适量

做法

1. 青笋去皮、洗净，切成小块，再放入沸水锅中焯烫片刻，捞出沥干。

2. 将鸡胗从中间剖开，清除内部杂质，撕去内层黄皮和油筋，洗涤整理干净。

3. 在表面剞上十字花刀，切成小块，然后放入沸水锅中焯烫一下，捞出沥干。

4. 炒锅置旺火上，加油烧至七成热，先下入葱段、姜片炒出香味。

5. 再放入青笋块、红椒块、鸡胗花翻炒均匀，添入鲜汤，加入精盐、味精炒至入味。

6. 然后用水淀粉勾薄芡，淋入香油调匀，即可出锅装盘。

鸡丁榨菜鲜蚕豆

原料

鸡胸肉200克

榨菜150克

鲜蚕豆100克

鸡蛋清1个

调料

葱花、姜末各10克

精盐、味精各1小匙

白糖2小匙

水淀粉、料酒、

植物油各2大匙

做法

1. 鸡肉洗净、切丁，用少许精盐、料酒、蛋清、水淀粉抓匀，再下入热油锅中滑散、滑熟，捞出沥油；榨菜洗净，切成小丁；鲜蚕豆洗净。

2. 锅中留少许底油烧热，先下入葱、姜炒香，再放入榨菜丁、鲜蚕豆炒熟。

3. 然后加入鸡肉丁翻炒均匀，再放入精盐、料酒、味精、白糖炒至入味，即可出锅装盘。

木耳炒鸡块

原料

鸡腿2只（约400克）
西蓝花100克
水发黑木耳、
胡萝卜片、青蒜段各20克

调料

葱花10克
姜末、蒜末各5克
精盐、酱油、白糖、
米醋各1小匙
料酒、胡椒粉、水淀
粉、植物油各适量

做法

1. 鸡腿洗净、剁成小块，用沸水焯透，捞出冲净；西蓝花洗净，掰成小朵，用沸水略焯，捞出冲凉。

2. 锅中加油烧热，先下入葱、姜、蒜炒香，再放入鸡块、胡萝卜、黑木耳、西蓝花略炒。

3. 然后加入精盐、酱油、白糖、米醋、料酒、胡椒粉翻炒至入味，再用水淀粉勾芡，撒入青蒜段炒匀，即可出锅。

◎蒜香 ⓛ15分钟

鸡肉炒什锦

原料

鸡肉250克

豌豆粒150克

香菇丁50克

胡萝卜丁30克

调料

葱末、姜末、蒜末各5克

精盐、白糖、

酱油各1小匙

鸡精、香油各1/2小匙

料酒、淀粉各1大匙

植物油2大匙

做法

1. 鸡肉洗净，沥水，切丁，加入料酒、淀粉拌匀，腌渍10分钟，再放入热油锅中炒至变色，捞出沥油。

2. 锅中加油烧热，先下入葱、姜、蒜炒香，再放入胡萝卜丁、豌豆粒、香菇丁炒匀。

3. 然后加入酱油、精盐、白糖和少许清水翻炒至熟，再放入鸡肉丁、鸡精、香油炒至入味，即可出锅装盘。

清香 25分钟

蒜香鸡胗

原料

鸡胗350克

青蒜、红泡椒各30克

调料

葱花15克

蒜瓣50克

精盐1小匙

味精1/2小匙

白糖2小匙

料酒、水淀粉各1大匙

老汤80克

植物油适量

做法

1. 将鸡胗从中间剖开，去除内部杂质，撕去内层黄皮，切成薄片；青蒜择洗干净，切成小段；红泡椒去蒂、洗净，切成两半。

2. 锅中加油烧热，下入鸡胗滑熟，捞出沥油。

3. 锅中留底油烧热，先下入红泡椒、葱花、蒜瓣炒出香味，再放入鸡胗、青蒜段炒匀，然后烹入料酒，添入老汤，加入精盐、味精、白糖炒至入味，再用水淀粉勾芡，即可出锅装盘。

🍴蒜香 ⏱15分钟

香辣 ⏱15分钟

人气小菜

宫保鸡丁

原料

鸡胸肉300克
花生仁50克
冬笋25克
水发冬菇15克
鸡蛋清1个
红干辣5克

调料

花椒10粒
葱末、姜末各5克
精盐、味精、
香油各1/2小匙
料酒2小匙
白糖、酱油、
水淀粉各1大匙
植物油适量

做法

1. 鸡胸肉洗净，切成1厘米见方的丁，再放入容器中，加入少许精盐、鸡蛋清、水淀粉拌匀上浆。

2. 锅中加油烧热，放入花生仁炸至酥脆，捞出晾凉，去除外皮；红干椒去蒂，切成小段。

3. 冬笋去壳、洗净，切成小丁；冬菇去蒂、洗净，切成小丁。一起放入沸水锅中焯烫一下，捞出沥干。

4. 炒锅置火上，加油烧至五成热，放入鸡肉丁滑散至变色，捞出沥油。

5. 锅中留少许底油烧热，先下入葱末、姜末、红干椒段、花椒粒煸炒出香味。

6. 再放入冬笋丁、冬菇丁、鸡肉丁略炒，加入酱油、料酒、白糖、味精翻炒均匀。

7. 然后用水淀粉勾芡，撒入花生仁，淋入香油炒匀，即可出锅装盘。

左公鸡丁

原料

鸡胸肉400克

青椒、红椒各50克

调料

蒜片5克

精盐1/2小匙

酱油2小匙

米醋1小匙

料酒1大匙

香油、淀粉、

植物油各适量

做法

1. 鸡肉洗净、切成小块，用少许精盐、料酒、淀粉拌匀上浆，再下入热油锅中炸至浅黄色，捞出沥油。

2. 青椒、红椒分别洗净，去蒂及籽，切成小片。

3. 锅中加底油烧热，先下入蒜片、青椒、红椒炒香，再放入鸡肉丁翻炒均匀。

4. 然后烹入料酒、米醋，加入精盐、酱油，用旺火翻炒至入味，再淋入香油，即可出锅装盘。

香辣 ⏱15分钟

酱爆鸭块

原料

烤鸭肉300克

冬笋50克

调料

葱段15克

姜片10克

蒜末5克

甜面酱2小匙

白糖、料酒、

香油各1/2小匙

鸡汤4大匙

植物油500克（约耗30克）

做法

1. 将烤鸭肉切成4厘米长、2厘米宽的长方块，放入六成热油中炸至金黄色，捞出沥油。

2. 冬笋去壳、洗净，切成小块，放入沸水锅中焯透，捞出沥干。

3. 锅中加底油烧热，先下入葱、姜、蒜炒香，再放入甜面酱、料酒炒匀。

4. 然后加入鸭块、白糖、鸡汤，用旺火炒至收汁，再淋入香油，即可出锅。

香辣 ⏱15分钟

香辣爆鸭胗

原料

鸭胗300克

青尖椒、红尖椒各50克

调料

葱片、姜片、蒜片、
红干椒段、花椒粒、
精盐、味精、老抽、
白糖、花椒粉、白胡椒
粉、料酒、淀粉、
植物油各适量

做法

1. 鸭胗剖开，去除杂质，撕去黄膜，用清水冲净，再切成小片。

2. 然后加入料酒、姜片、老抽、白糖、花椒粉、胡椒粉、精盐、淀粉拌匀，腌渍10分钟。

3. 青尖椒、红尖椒分别洗净，沥水，去蒂及籽，切成小段。

4. 锅中加油烧热，先下入花椒、红干椒、姜、蒜炒香，再放入鸭胗片快炒至变色。

5. 然后加入尖椒段炒匀，再放入少许老抽、味精、葱片，炒匀即可。

鸡蛋炒苦瓜

原料

鸡蛋5个

苦瓜300克

调料

葱花10克

姜丝5克

精盐1小匙

味精、鸡精、

白糖各1/2小匙

植物油5大匙

做法

1. 苦瓜洗净，去皮及瓤，切成大片，再放入加有少许精盐和植物油的沸水中略焯，捞出过凉。

2. 鸡蛋磕入碗中，加入少许精盐搅散，再倒入热油锅中炒成蛋花，盛出沥油。

3. 锅中留少许底油烧热，先下入葱花、姜丝炒出香味，再放入苦瓜片翻炒均匀。

4. 然后加入精盐、味精、白糖、鸡精炒至入味，再放入蛋花炒匀，即可出锅装盘。

第三章 美味禽蛋

沙茶酱炒鸡丝

原料

鸡胸肉300克

青椒100克

青笋、胡萝卜、水发冬

菇各50克

鸡蛋清1个

调料

精盐、味精、沙茶酱、

料酒、水淀粉、鲜汤、

香油、植物油各适量

做法

1. 将鸡胸肉去筋膜、洗净，切成细丝，再放入碗中，加入少许精盐、味精、鸡蛋清、水淀粉拌匀上浆。

2. 青椒、青笋、胡萝卜、冬菇分别洗涤整理干净，切成4厘米长的丝，再一起放入沸水锅中焯烫一下，捞出沥干。

3. 炒锅置火上，加油烧至五成热，放入鸡丝滑散、滑熟，捞出沥油。

4. 锅中留底油烧热，先下入沙茶酱、料酒炒匀。

5. 再放入青椒丝、青笋丝、冬菇丝、胡萝卜丝翻炒均匀。

6. 然后添入鲜汤，加入精盐、味精炒至入味。

7. 再加入滑好的鸡肉丝炒匀，用水淀粉勾芡，淋入香油，即可出锅装盘。

○ 香辣 ⏱ 20分钟

东安仔鸡

原料

净仔鸡1只(约1000克)

红辣椒25克

调料

葱段、姜丝各15克

精盐、米醋、

淀粉各1大匙

味精1/2小匙

料酒2大匙

花椒粉少许

香油2小匙

鸡汤100克

熟猪油3大匙

做法

1. 将仔鸡洗净,放入清水锅中煮至七分熟,捞出冲净,剁成大块。

2. 红辣椒洗净,去蒂及籽,切成细丝。

3. 锅中加油烧至六成热,先下入姜丝、花椒粉、红辣椒丝炒出香辣味。

4. 再放入鸡块略炒,烹入料酒,加入精盐、米醋、鸡汤、味精、葱段炒至收汁,然后用水淀粉勾芡,淋入香油,即可出锅装盘。

莲藕炒鸭掌

原料

熟鸭掌250克

莲藕100克

熟腰果50克

青椒丁、红椒丁各25克

调料

葱末、姜末各15克

精盐2小匙

白糖、胡椒粉各少许

生抽、水淀粉各1大匙

植物油2大匙

做法

1. 莲藕去皮、洗净，切成小块，再放入清水锅中煮熟，捞出沥干；熟鸭掌去骨，切成小块。

2. 锅中加油烧至六成热，先下入熟鸭掌、葱末、姜末炒出香味。

3. 再放入莲藕、青椒、红椒炒匀，加入精盐、白糖、生抽、胡椒粉炒至入味。

4. 然后用水淀粉勾芡，撒入熟腰果炒匀，即可出锅装盘。

🌶 香辣 ⏱15分钟

火爆乳鸽

原料

乳鸽2只(约600克)

红干椒、蒜苗各少许

调料

花椒10粒

精盐1小匙

味精1/2小匙

酱油、料酒各1大匙

辣椒油、豆瓣酱各2大匙

做法

1. 将乳鸽宰杀，洗涤整理干净，沥水，剁成小块；蒜苗择洗干净，切成小段；红干椒去蒂，切成小丁。

2. 炒锅置火上，加入辣椒油烧热，先下入红干椒丁、花椒粒炒出香辣味。

3. 再放入鸽肉块炒至熟透、干香，加入精盐、味精、酱油、料酒、豆瓣酱翻炒至入味，

4. 然后放入蒜苗段翻炒均匀，即可出锅装盘。

香辣 ⏱20分钟

辣子鸡翅

原料

鸡翅400克

红干椒50克

调料

葱花10克

姜丝5克

花椒10粒

精盐、鸡精、味精、白

糖各1小匙

陈醋1/2小匙

植物油600克（约耗50克）

做法

1. 鸡翅洗净，剁成小块，先下入沸水中焯烫一下，捞出沥干，再放入热油中炸至熟透，捞出沥油。

2. 锅中留少许底油烧热，先下入红干椒、花椒、葱花、姜丝炒出香味，再放入鸡翅块翻炒均匀，然后加入精盐、味精、鸡精、白糖炒至入味，淋入陈醋炒匀，即可出锅装盘。

🌶香辣 ⏱20分钟

第四章

可口水产

白炒虾

原料

小河虾500克

红辣椒25克

调料

葱段、姜片各10克

白酱油2大匙

精盐1/2小匙

香油少许

植物油3大匙

做法

1. 将小河虾洗涤整理干净，沥干水分；红辣椒洗净，去蒂及籽，切成细丝，再放入小碗中，加入少许热油、酱油、香油拌匀。

2. 锅中加油烧热，先下入葱段、姜片炒香，再添入少许清水烧沸。

3. 然后拣去葱、姜，加入小河虾、精盐翻炒至熟，再捞出沥干，装入盘中，撒上红辣椒丝，淋上香油即可。

香辣 ⏱15分钟

干煸鳝背

原料

活鳝鱼500克

调料

红干椒段20克

葱末、姜末各5克

蒜片15克

酱油、酒酿、

水淀粉各1大匙

味精、白糖、

豆瓣酱各1小匙

花椒粉少许

植物油2大匙

做法

1. 将鳝鱼宰杀，去头、去骨、除内脏，洗涤整理干净，切成小段。

2. 坐锅点火，加油烧热，先下入鳝鱼段煸干水分，再加入红干椒段、豆瓣酱、花椒粉、酒酿、白糖、味精、酱油翻炒均匀。

3. 然后添入少许清水炒至收汁，加入葱末、姜末、蒜片炒匀，用水淀粉勾芡，即可出锅装盘。

椒盐小黄鱼

原料

小黄鱼450克

青椒粒、红椒粒、

洋葱粒各15克

鸡蛋黄3个

调料

葱花少许

精盐、椒盐粉、

料酒各1/2小匙

味精、鸡精、

胡椒粉各1/3小匙

吉士粉1小匙

淀粉2小匙

植物油适量

做法

1. 小黄鱼洗涤整理干净，放入容器中，加入少许精盐、鸡精、味精、料酒、胡椒粉、吉士粉、蛋黄液拌匀。

2. 再拍上淀粉，下入热油中炸至金黄色、熟透，捞出沥油。

3. 锅中留底油烧热，先下入青椒、红椒、洋葱、葱花炒香。

4. 再放入炸好的小黄鱼略炒，然后加入椒盐粉、味精快速翻炒均匀，即可出锅装盘。

酱爆墨鱼

原料

净墨鱼肉300克

调料

葱花、蒜片、姜末、
精盐、味精、黄豆酱、
料酒、香油、水淀粉、
清汤、植物油各适量

做法

1. 将墨鱼肉洗净，剞上十字花刀，切成长条，再放入沸水锅中焯至打卷，捞出沥干，然后下入热油锅中冲炸一下，捞出沥油。

2. 锅中留少许底油烧热，先下入葱、姜、蒜炒香出味。

3. 再烹入料酒，加入黄豆酱、精盐、味精炒匀，添入清汤烧沸。

4. 然后用水淀粉勾芡，放入墨鱼卷翻炒均匀，再淋入香油，即可出锅装盘。

原料

活梭蟹1只
粉丝25克
洋葱、红椒各适量

调料

葱花、姜丝、
黑胡椒汁、蚝油、
鲜露、浓缩鸡汁、
淀粉、料酒、
植物油各适量

做法

1. 粉丝用清水泡发，捞出沥干，切成小段。

2. 洋葱去皮、洗净，切成细丝；红椒去蒂及籽，切成细丝。

3. 梭蟹用刀背拍晕，刷洗干净，再揭开背壳，去除蟹鳃，剁成大块。

4. 然后在梭蟹上拍一层淀粉，下入热油锅中炸透，捞出沥油。

5. 炒锅置旺火上，加入植物油烧热，先下入姜丝煸炒出香味。

6. 再放入洋葱丝、红椒丝翻炒均匀，加入黑胡椒汁、蚝油、鲜露、浓缩鸡汁。

7. 然后烹入料酒，放入梭蟹块和粉丝，快速翻炒至入味。

8. 再淋入香油，撒上葱花炒匀，即可出锅装盘。

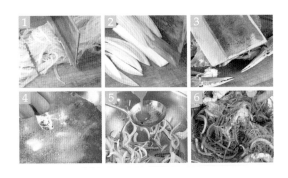

彩椒鲜虾仁

原料

虾仁300克

鲜香菇50克

红椒、黄椒、

青椒各30克

腰果15克

调料

葱末、姜末各5克

精盐、鸡精、胡椒粉、

香油各1/2小匙

植物油2大匙

做法

1. 将虾仁挑除沙线，洗净沥干；红椒、黄椒、青椒分别洗净，去蒂及籽，切成小丁；鲜香菇去蒂、洗净，切成小丁。

2. 坐锅点火，加油烧热，先下入虾仁、葱末、姜末略炒，再放入红椒、黄椒、青椒、香菇翻炒均匀。

3. 然后烹入料酒，加入精盐、鸡精、胡椒粉炒至入味，再撒入腰果，淋入香油炒匀，即可出锅装盘。

原料

海肠600克
青笋150克
红干椒30克

调料

葱段15克
精盐、白糖、
胡椒粉各1/2大匙
味精、料酒、
水淀粉各1小匙
鲜汤2小匙
植物油2大匙

做法

1. 海肠洗净，切成小段；青笋去皮、洗净，切成长条。

2. 将海肠和青笋分别放入沸水锅中焯烫一下，捞出沥干。

3. 小碗中加入精盐、味精、白糖、胡椒粉、水淀粉、料酒、鲜汤调匀，制成味汁。

4. 炒锅置火上，加油烧热，先下入葱段、红干椒炒香，再放入海肠段、青笋条炒匀，然后烹入味汁翻炒至入味，即可出锅装盘。

香辣 ⏱15分钟

原料

田螺600克
红干椒段、
香菜段各15克

调料

精盐、老抽、蒜蓉辣
酱、料酒、水淀粉、辣
椒油各1小匙
味精、鸡精、
白糖各1/2小匙
植物油2大匙

做法

1. 将田螺放入清水中静养，使其吐净腹中污物，捞出冲净，再下入清水锅中煮熟，捞出沥干。

2. 坐锅点火，加油烧热，先下入红干椒段炒出香味，再放入田螺略炒。

3. 然后烹入料酒，加入精盐、味精、鸡精、白糖、蒜蓉辣酱、老抽翻炒至入味。

4. 再用水淀粉勾芡，淋入辣椒油，撒上香菜段，即可出锅装盘。

香辣 15分钟

原料

活鳝鱼300克

青椒、红椒各50克

调料

姜末、蒜片各10克

精盐、味精各1/2小匙

豆豉1小匙

料酒、植物油各1大匙

做法

1. 鳝鱼宰杀，洗涤整理干净，剁成小段，再放入沸水锅中焯去血水，捞出沥干；青椒、红椒分别洗净，去蒂及籽，切成小块。

2. 坐锅点火，加油烧热，先下入姜末、蒜片、豆豉炒出香味，再放入鳝鱼段、料酒，用小火炒至八分熟，然后加入青椒块、红椒块翻炒至熟，再用精盐、味精调味，即可装盘上桌。

◎香辣 ⓘ20分钟

原料

大虾10只（约500克）

三文治火腿、青菜心、
冬笋各25克

调料

精盐、味精、
香油各少许

葱姜汁1大匙

料酒2小匙

淀粉100克

植物油2大匙

做法

1. 冬笋去壳、洗净，和火腿均切成菱形片。

2. 火腿、青菜、冬笋用沸水略焯，捞出沥干。

3. 大虾去头及壳，留下虾尾，挑除沙线，洗净沥干，在背部片一刀(腹部相连)，放入碗中。

4. 加入少许精盐、味精、料酒、葱姜汁拌匀，腌渍入味。

5. 然后将大虾放在案板上，拍匀淀粉，用擀面杖捶砸成大片。

6. 坐锅点火，加入适量清水烧沸，放入大虾焯至熟透，捞出过凉，沥干水分。

7. 炒锅置火上，加油烧至四成热，先下入三文治火腿片、青菜心、冬笋片翻炒均匀。

8. 再烹入料酒，加入葱姜汁、精盐和少许清水炒至入味。

9. 然后放入焯熟的大虾，淋入香油炒匀，即可出锅装盘。

葱姜大虾

原料

大虾500克

胡萝卜30克

香菜15克

调料

葱段、姜丝各10克

精盐1小匙

味精1/2小匙

白糖、花椒水各2小匙

酱油、料酒、

水淀粉各1大匙

植物油2大匙

做法

1. 大虾去壳、去沙线，洗净沥干，切成小段；胡萝卜去皮、洗净，切成小片；香菜洗净，切成小段。

2. 炒锅置火上，加油烧热，先下入葱段、姜丝炒香，再放入大虾、胡萝卜片、花椒水略炒。

3. 然后烹入料酒，加入精盐、酱油、白糖、味精炒至入味，再用水淀粉勾芡，撒入香菜段，即可出锅装盘。

葱香 ⏱15分钟

葱椒鲜鱼条

原料

净草鱼1条(约750克)

红椒丝20克

调料

葱段25克

姜片15克

精盐1小匙

味精2小匙

白糖、料酒各3大匙

香油2大匙

鸡汤150克

植物油适量

做法

1. 将草鱼洗净,从背部剔去鱼骨,取净鱼肉,再切成5厘米长的条。

2. 用葱段、姜片、精盐、料酒腌渍30分钟,然后下入热油锅中炸透,捞出沥油。

3. 锅中留底油烧热,先放入精盐、白糖、料酒、鸡汤烧沸,再下入鱼条翻炒至熟。

4. 待汤汁浓稠时,加入葱段、红椒丝炒匀,淋入香油,即可出锅装盘。

175

香辣田鸡腿

原料

田鸡腿250克
花生仁50克
红干椒段20克
鸡蛋清2个

调料

葱末、姜末、精盐、
味精、酱油、白糖、
淀粉、花椒水、香油、
植物油各适量

做法

1. 田鸡腿洗净，加入少许精盐、味精、蛋清、淀粉抓匀上浆。

2. 再下入六成热油中滑散、滑熟，捞出沥油，然后放入花生仁炸熟，捞出晾凉，去除外皮。

3. 精盐放入容器中，加入酱油、味精、淀粉、花椒水、白糖调匀。

4. 锅中留底油烧热，先下入葱末、姜末、干椒段炸香，放入田鸡腿、花生仁炒匀。

5. 再烹入味汁翻炒至入味，然后淋入香油，即可出锅装盘。

葱姜炒飞蟹

原料

活飞蟹2只(约400克)

调料

葱段30克
姜片20克
精盐1/2小匙
胡椒粉少许
香油1小匙
面粉、植物油各适量

做法

1. 将飞蟹开壳，去除内脏，洗净沥干，再切成大块，拍匀面粉，然后下入热油锅中炸至金黄色，捞出沥油。

2. 锅中留底油烧热，先下入葱段、姜片炒出香味，再放入蟹块炒匀。

3. 然后添入适量清水，加入精盐、胡椒粉翻炒至均匀入味，再用旺火收汁，淋入香油，即可装盘上桌。

177

滑炒鱼丁

原料

鱼肉350克

青椒、红椒各50克

蛋清2个

调料

葱末、姜末、蒜末、精盐、味精、

胡椒粉各少许

白糖、米醋各1小匙

淀粉适量

料酒2大匙

香油1/2大匙

植物油适量

做法

1. 青椒、红椒洗净，去蒂及籽，切成小丁。

2. 小碗中加入精盐、味精、白糖、米醋和少许清水调匀，制成味汁。

3. 鱼肉洗净，片去鱼皮，擦净水分，再放在案板上，在表面剞上浅十字花刀，切成小丁，然后放入碗中，加入精盐、味精、料酒、胡椒粉、蛋清、淀粉拌匀上浆。

4. 炒锅置火上，加油烧至五成热，放入鱼肉丁滑散、滑熟，捞出沥油。

5. 锅中留少许底油烧热，先下入葱末、姜末、蒜末炒出香味。

6. 再烹入料酒，放入青椒丁、红椒丁略炒。

7. 然后倒入调好的味汁，放入滑好的鱼丁快速翻炒至入味。

8. 再淋入香油炒匀，即可出锅装盘。

翡翠虾仁

原料

鲜虾仁500克

蚕豆粒100克

熟火腿丁20克

鸡蛋清1个

调料

精盐1小匙

味精、胡椒粉各少许

料酒1大匙

淀粉、鲜汤各2大匙

植物油适量

做法

1. 将虾仁去沙线、洗净，加入少许精盐、淀粉、料酒、胡椒粉、蛋清拌匀。

2. 再下入热油锅中滑散、滑熟，捞出沥油；蚕豆粒洗净，切成两半。

3. 精盐放入小碗中，加入水淀粉、料酒、胡椒粉、鲜汤调成味汁。

4. 锅中加油烧热，下入火腿、蚕豆略炒，放入虾仁炒匀，烹入味汁炒至入味，即可出锅。

原料

净扇贝肉500克
水发黑木耳、
油菜心各30克
青椒片、红椒片各20克

调料

葱段、姜片各5克
精盐、白糖、
水淀粉各1小匙
酱油、香油各1/2小匙
植物油2大匙

做法

1. 油菜心洗净，放入加有少许精盐的沸水中略焯，捞出沥干，摆入盘中；黑木耳洗净，撕成小朵。

2. 锅中加油烧热，先下入葱段、姜片、青椒、红椒炒香，再放入扇贝肉略炒。

3. 然后加入精盐、白糖、酱油、黑木耳炒至入味，再用水淀粉勾芡，淋入香油，出锅装入油菜盘中即可。

咸香 15分钟

双豆炒鲜鱿

原料

鲜鱿鱼300克

甜蜜豆100克

黄豆芽、红辣椒各50克

调料

蒜末20克

精盐、白糖、鸡精、香油各1/2小匙

水淀粉1小匙

植物油2大匙

做法

1. 鱿鱼去内脏、洗净，切成粗丝；辣椒去蒂、洗净，切成碎粒；甜蜜豆、黄豆芽分别洗净，掐去两端。

2. 甜蜜豆、黄豆芽、鱿鱼分别用沸水焯熟，捞出沥干。

3. 锅中加油烧热，先下入红辣椒、蒜末炒香，再放入甜蜜豆、黄豆芽、鱿鱼炒匀。

4. 然后加入精盐、白糖、鸡精炒至入味，再用水淀粉勾芡，淋入香油，即可出锅装盘。

咸香 ⏱15分钟

茶香墨鱼丸

原料

墨鱼丸300克

乌龙茶叶5克

调料

蜂蜜1大匙

桂花酱2小匙

面粉少许

植物油适量

做法

1. 茶叶用沸水泡开，滗去茶汁，留下茶叶。

2. 坐锅点火，加油烧至六成热，先将墨鱼丸裹匀面粉，下入锅中炸至熟透，捞出沥油。

3. 待油温升至八成热时，再放入茶叶炸至酥脆，捞出沥干。

4. 净锅置火上，加入少许清水烧沸，先放入蜂蜜、桂花酱旺火炒至浓稠，再下入墨鱼丸、茶叶翻炒均匀，即可出锅装盘。

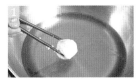

◉茶香 ⏱15分钟

芦笋炒海红

原料

海红150克

芦笋50克

胡萝卜、青椒块、

红椒块各25克

调料

葱段、姜末、蒜末、

精盐、鸡精、胡椒粉、

料酒、蚝油、水淀粉、

植物油各适量

做法

1. 芦笋去根，削去老皮，用清水洗净，切成小段；胡萝卜去皮、洗净，切成菱形片。

2. 锅中加入清水烧沸，放入芦笋段、胡萝卜片焯烫一下，捞出过凉。

3. 将海红洗净，放入沸水锅中煮至开壳，再取出海红肉，加入精盐腌渍15分钟，然后用清水冲净，沥干水分。

4. 炒锅置火上，加油烧热，先下入葱段、姜末、蒜末炒出香味。

5. 再放入青椒块、红椒块、海红肉，旺火快速翻炒均匀。

6. 然后烹入料酒，加入芦笋段、胡萝卜片、精盐、鸡精、蚝油、胡椒粉翻炒至入味。

7. 再用水淀粉勾薄芡，淋入香油调匀，即可出锅装盘。

西芹芒果炒鲜贝

原料

鲜贝肉150克
西芹100克
芒果80克
红辣椒30克

调料

精盐1小匙
鸡精1/2小匙
水淀粉、香油各2小匙
植物油1大匙

做法

1. 西芹去皮、洗净，切成斜段，再放入沸水锅中，加入少许精盐焯烫一下，捞出过凉，沥干水分。

2. 鲜贝肉去除韧带，放入沸水锅中焯熟；辣椒洗净，切成小片；芒果去皮、取肉，切成小粒。

3. 锅中加油烧热，先下入辣椒片炒香，再放入芒果、西芹、鲜贝肉略炒。

4. 然后加入精盐、鸡精炒至入味，再用水淀粉勾芡，淋入香油，即可出锅。

香辣 15分钟

宫保鱼丁

原料

净草鱼1条（约1000克）
花生仁30克
红干椒15克
鸡蛋1个

调料

葱花20克
精盐、味精、鸡精各1/2
小匙
白糖1小匙
豆瓣酱、面包粉、
淀粉、植物油各适量

做法

1. 将草鱼去骨、洗净，取净鱼肉切丁，再加入鸡蛋液抓匀，拍上面包粉，然后下入热油锅中炸至浅黄色，捞出沥油。

2. 锅中留底油烧热，先下入豆瓣酱、红干椒炒出香味，再放入鱼肉丁翻炒均匀。

3. 然后加入精盐、白糖、味精、鸡精炒至入味，再放入花生仁、葱花炒匀，即可装盘上桌。

蒿杆炒鳝鱼

原料

鳝鱼丝200克

茼蒿杆150克

青椒丝、红椒丝各15克

调料

红干椒丝10克

蒜末5克

精盐、白糖、酱油、

陈醋、花椒粉、

胡椒粉、香油、

植物油各适量

做法

1. 茼蒿杆择洗干净，切成小段；鳝鱼丝洗净，放入沸水锅中焯烫一下，捞出沥干。

2. 小碗中加入精盐、白糖、胡椒粉、酱油、陈醋、香油、蒜末调匀，制成味汁。

3. 锅中加入植物油烧至七成热，先下入红干椒丝、花椒粉炒香。

4. 再放入鳝鱼丝、茼蒿杆、青椒、红椒略炒，然后烹入味汁翻炒至入味，即可出锅装盘。

海螺肉炒西芹

原料

海螺肉200克

西芹100克

百合50克

调料

姜末、蒜片各5克

精盐、味精各1/2小匙

料酒1大匙

水淀粉2小匙

植物油3大匙

做法

1. 将海螺肉洗净，切成薄片；西芹去皮、洗净，切成菱形片；百合去根、洗净，掰成小瓣。

2. 将西芹、百合、螺肉片分别放入沸水锅中焯烫一下，捞出沥干。

3. 坐锅点火，加油烧至五成热，先下入姜末、蒜片炒香，再放入西芹、百合、螺肉片炒匀。

4. 然后烹入料酒，加入精盐，味精翻炒至入味，再用水淀粉勾芡，淋入明油，即可出锅装盘。

清炒虾仁

原料

鲜虾仁200克

胡萝卜、黄瓜、

豌豆粒各25克

调料

葱末、姜末、

蒜末各少许

精盐、味精各1/2小匙

料酒1大匙

米醋、花椒油各1小匙

淀粉、植物油各适量

做法

1. 胡萝卜去皮、洗净，切成1厘米大小的丁；黄瓜洗净、去皮，切成小丁；豌豆粒洗净。

2. 小碗中加入精盐、味精、料酒、米醋、鲜汤调匀，制成味汁。

3. 将虾仁去沙线，放入淡盐水中浸泡，洗净沥干，再放入小碗中，加入精盐、味精、料酒、淀粉拌匀上浆。

4. 炒锅置火上，加油烧至四成热，放入虾仁滑散、滑熟，捞出沥油。

5. 锅中留少许底油烧热，先下入葱末、姜末、蒜末炒香。

6. 再放入胡萝卜丁略炒，加入黄瓜丁、豌豆粒翻炒至熟。

7. 然后放入虾仁，烹入味汁，用旺火快速炒匀，淋入花椒油，即可出锅装盘。

190

韭黄炒鳝鱼

原料

活鳝鱼200克

韭黄150克

香菜10克

调料

姜末、蒜末各5克

精盐、胡椒粉各1/2小匙

白糖1小匙

酱油2小匙

料酒1大匙

水淀粉、香油各1/2大匙

植物油3大匙

做法

1. 将鳝鱼宰杀，洗涤整理干净，切成细丝；韭黄择洗干净，切成小段；香菜洗净，切成碎末。

2. 锅中加油烧热，先下入姜、蒜炒香，再放入鳝鱼丝、韭黄段炒匀。

3. 然后烹入料酒，加入酱油、白糖、精盐、胡椒粉、水淀粉炒至入味。

4. 再盛入盘中，淋入烧热的香油，撒上香菜末，即可上桌。

什锦藕丁炒虾

原料

大虾350克

莲藕300克

火腿丁、豆干丁各100克

青椒丁、红椒丁各20克

调料

精盐1/2小匙

辣酱2小匙

酱油1小匙

做法

1. 大虾洗净，去头及壳，留下尾部，挑除沙线；莲藕去皮、洗净，切成小丁。

2. 炒锅置火上，加油烧至七成热，先下入豆干丁旺火炒至浅黄色。

3. 再放入藕丁、大虾翻炒2分钟，然后加入辣酱、精盐、酱油炒至入味。

4. 再放入火腿丁、青椒丁、红椒丁续炒1分钟，即可出锅装盘。

香辣 15分钟

白炒刀鱼丝

原料

净刀鱼400克

冬菇丝、火腿丝各20克

鸡蛋清1个

调料

精盐、味精各1/2小匙

料酒、葱姜汁各1小匙

水淀粉2大匙

植物油适量

做法

1. 将刀鱼去骨、取肉，剁成鱼蓉，再加入少许料酒、葱姜汁、精盐、蛋清、水淀粉搅至上劲。

2. 然后倒入用牛皮纸做的漏斗内，慢慢挤入热油锅中炸熟，再捞出沥油，切成4厘米长的段。

3. 锅中加油烧热，放入冬菇、火腿、鱼肉、料酒、精盐、葱姜汁、味精、水淀粉炒匀，即可出锅。

清香 ⏱15分钟

什锦鳕鱼丁

原料

净鳕鱼肉200克

腰果100克

青椒块、红椒块各25克

鸡蛋清1个

调料

葱末、姜末、蒜末、

精盐、味精、胡椒粉、

料酒、淀粉、水淀粉、

鸡汤、香油、

植物油各适量

做法

1. 鱼肉洗净、切丁，加入少许精盐、味精、料酒、淀粉、蛋清拌匀上浆，再下入四成热油中滑散、滑透，捞出沥油，然后放入腰果炸熟，捞出沥油。

2. 锅中留底油烧热，先下入葱、姜、蒜、青椒、红椒炒香，再烹入料酒，添入鸡汤，加入精盐、味精、胡椒粉调匀。

3. 然后放入腰果、鱼丁炒至入味，再用水淀粉勾芡，淋入香油，即可出锅装盘。

微辣 ⏱15分钟

第四章 可口水产

人气炒菜

第五章

菌菇豆品

青瓜肉碎炒猴菇

原料

水发猴头菇250克

黄瓜片、胡萝卜片各100克

猪肉末50克

水发海米15克

调料

葱末、姜末各5克

精盐、鸡精、胡椒粉、

香油、料酒各少许

水淀粉2小匙

植物油2大匙

做法

1. 将猴头菇洗净，放入沸水锅中焯透，捞出沥干；猪肉末放入小碗中，加入料酒拌匀，腌渍片刻。

2. 锅中加油烧热，先下入猪肉末煸炒至变色，再放入葱、姜、海米、料酒炒香。

3. 然后加入胡萝卜、猴头菇、黄瓜片、精盐、鸡精炒至入味，再用水淀粉勾芡，淋入香油，即可出锅装盘。

◎咸香 ⏱15分钟

清香 ⏱10分钟

滑菇炒小白菜

原料

滑子蘑300克

小白菜200克

调料

蒜片5克

精盐1小匙

味精、鸡精各1/2小匙

料酒、水淀粉各2小匙

香油少许

植物油2大匙

做法

1. 滑子蘑洗净，放入沸水锅中焯透，捞出沥干；小白菜去根、洗净，用沸水略焯，捞出过凉。

2. 炒锅置火上，加油烧热，先下入蒜片炒出香味，再放入滑子蘑、小白菜翻炒均匀。

3. 然后烹入料酒，加入精盐、味精、鸡精炒至入味，再用水淀粉勾芡，淋入香油炒匀，即可出锅装盘。

第五章 菌菇豆品

199

煎炒豆腐

原料

豆腐500克

红辣椒、香菜梗各25克

油菜心适量

调料

精盐1/2小匙

味精少许

清汤3大匙

植物油100克

做法

1. 豆腐洗净，切成长条块；红辣椒洗净，去蒂及籽，切成细丝；香菜梗洗净，切成小段。

2. 油菜心洗净，放入沸水锅中焯烫一下，捞出过凉，沥干水分，摆在盘子四周。

3. 炒锅置火上，加油烧热，先下入豆腐条煎至金黄色。

4. 再放入精盐、味精、清汤、辣椒丝、香菜段翻炒至入味，即可出锅装盘。

豇豆炒豆干

原料

豆腐干300克

豇豆200克

调料

葱段、姜片、
蒜末各10克

精盐、味精、胡椒粉各
1/2小匙

酱油1大匙

水淀粉2小匙

香油1小匙

植物油适量

做法

1. 豆腐干洗净、切条，用沸水焯透，再加入酱油拌匀，下入七成热油中略炸，捞出沥油。

2. 豇豆洗净、切段，用沸水略焯，捞出沥干。

3. 锅中加油烧热，先下入葱、姜、蒜炒香，再放入豇豆略炒。

4. 然后加入豆腐干、精盐、味精、胡椒粉炒至入味，再用水淀粉勾芡，淋入香油即可。

第五章 菌菇豆品

香干炒芹菜

原料

五香豆腐干250克

芹菜150克

猪瘦肉50克

调料

葱末、姜末各5克

精盐、酱油各1/2小匙

味精1小匙

植物油3大匙

做法

1. 芹菜去根及叶，洗净，沥水，先顺长切成小条，再切成小段。

2. 猪瘦肉去筋膜、洗净，切成细丝。

3. 五香豆腐干先片成大片，再切成粗丝，然后下入六成热油中略炒片刻，盛出沥油。

4. 炒锅置火上，加油烧至五成热，先下入葱末、姜末炒出香味。

5. 再放入猪肉丝，用中小火煸炒至变色。

6. 然后加入酱油翻炒均匀，放入芹菜段炒至熟嫩入味。

7. 再放入豆腐干丝、精盐、味精炒至入味，即可出锅装盘。

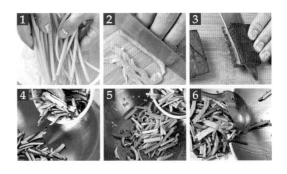

口蘑炒肉片

原料

水发口蘑250克

猪瘦肉100克

青椒片、红椒片各20克

调料

葱花、姜末、

蒜片各10克

精盐、味精、白糖、

料酒各1小匙

水淀粉2大匙

鲜汤100克

香油少许

葱油3大匙

做法

1. 将猪肉洗净，切成薄片；口蘑洗净，放入沸水锅中焯烫一下，捞出沥干，切成小片。

2. 坐锅点火，加入葱油烧热，先下入葱花、姜末、蒜片炒香，再放入肉片煸炒至变色。

3. 然后烹入料酒，添入鲜汤，加入口蘑、精盐、味精、白糖炒至收汁，再用水淀粉勾芡，淋入香油，即可出锅。

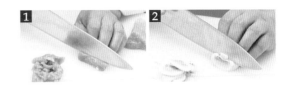

滑熘豆腐

原料

豆腐500克

鸡蛋2个

调料

葱末、姜末、蒜末各5克

精盐1/2小匙

酱油、米醋、料酒、香
油各1小匙

面粉、水淀粉各2大匙

鲜汤100克

花椒油1大匙

植物油适量

做法

1. 将豆腐洗净，切成大片；水淀粉、面粉、鸡蛋
   液、精盐和少许清水调成面糊。

2. 锅中加油烧至七成热，将豆腐片挂匀面糊，下
   锅炸至金黄色，捞出沥油。

3. 净锅上火，加入花椒油烧热，先下入葱、姜、
   蒜炒香，再加入米醋、酱油、鲜汤烧沸。

4. 然后用水淀粉勾芡，淋入香油，放入豆腐片炒
   匀，即可出锅。

滑嫩 ⏱15分钟

豆苗炒虾片

原料

豌豆苗300克

虾仁200克

鸡蛋清2个

调料

葱段25克

姜片10克

精盐、料酒各1小匙

味精、胡椒粉各少许

水淀粉2大匙

清汤1大匙

植物油3大匙

做法

1. 虾仁去沙线、洗净，从背部片开(腹部相连)，加入少许精盐、料酒、水淀粉、蛋清拌匀上浆。

2. 豆苗择洗干净，沥干水分；剩余的料酒、味精、精盐、胡椒粉、水淀粉、清汤放入容器中，调匀成味汁。

3. 锅中加油烧热，先下入虾片滑散至变色，再放入豆苗炒匀，然后烹入味汁翻炒至入味，即可出锅装盘。

清香 ⏱10分钟

豆腐皮炒蟹肉

原料

鲜豆腐皮200克

海蟹1只(约150克)

调料

精盐1/2大匙

料酒2大匙

淀粉、水淀粉各1大匙

鸡汤100克

熟鸡油2小匙

做法

1. 豆腐皮洗净，切成小片；海蟹开壳，取出蟹黄，加入少许清水、料酒、淀粉拌匀，再将海蟹带壳入笼蒸熟，取出晾凉，拆出蟹肉。

2. 炒锅置火上，加入熟鸡油烧热，先下入豆腐皮略炒，再放入蟹肉、蟹黄炒匀。

3. 然后烹入料酒，添入鸡汤，加入精盐翻炒至入味，再用水淀粉勾薄芡，即可出锅装盘。

🍵清香 ⏱15分钟

香嫩 ⏱10分钟

人气炒菜

港式小豆腐

原料

豆腐500克

虾仁100克

红尖椒、茼蒿各25克

调料

葱末5克

精盐、味精、鸡精、

香油各1小匙

水淀粉适量

鸡汤3大匙

植物油2大匙

做法

1. 将虾仁去沙线、洗净，放入沸水锅中焯烫一下，捞出沥干。

2. 红尖椒洗净，去蒂及籽，切成小片；茼蒿择洗干净，切成3厘米长的段。

3. 豆腐洗净，去除老皮，切成小块，再放入沸水锅中焯透，捞出沥干。

4. 炒锅置火上，加油烧至四成热，先下入葱末炒出香味。

5. 再放入豆腐块、虾仁轻轻翻炒均匀。

6. 然后加入精盐、味精、鸡精，添入鸡汤，放入红尖椒片、茼蒿段炒至入味。

7. 再用水淀粉勾薄芡，淋入香油炒匀，即可出锅装盘。

脆肠炒鸡腿菇

原料

鲜鸡腿菇300克

脆肠100克

荷兰豆、鲜香菇各50克

红椒块30克

调料

葱末、姜末各5克

精盐、鸡精、酱油、

料酒、香油各1小匙

水淀粉2小匙

植物油2大匙

做法

1. 将鸡腿菇、香菇、荷兰豆、脆肠分别洗净，沥水，切成小片，再一同放入沸水锅中焯透，捞出沥干。

2. 锅中加油烧热，先下入鸡腿菇、脆肠、葱末、姜末略炒。

3. 再加入料酒、精盐、酱油、鸡精及少许清水，翻炒均匀。

4. 然后放入香菇、荷兰豆、红椒炒至入味，再用水淀粉勾芡，淋入香油，即可出锅装盘。

清香 ⏱10分钟

豆干炒瓜皮

原料

豆腐干250克

西瓜皮200克

调料

葱丝10克

精盐、鸡精、白糖、

料酒各1小匙

清汤4大匙

香油少许

植物油2大匙

做法

1. 豆腐干洗净，沥水，切成粗条；西瓜皮洗净，片去绿皮，切成粗条，再加入少许精盐略腌，沥干水分。

2. 坐锅点火，加油烧热，下入葱丝炒出香味，烹入料酒，放入瓜条、豆腐干炒匀。

3. 添入清汤，加入精盐、鸡精、白糖炒至入味，待汤汁收浓时，淋入香油，即可出锅装盘。

第五章 菌菇豆品

211

葱油草菇

原料

草菇300克

毛豆仁50克

松子仁30克

调料

葱末、姜末、蒜末各5克

八角2粒

精盐、白糖、

蚝油各1/2小匙

五香粉2小匙

熟鸡油1大匙

做法

1. 将草菇洗净，切成小块；毛豆仁洗净，放入沸水锅中焯烫一下，捞出过凉。

2. 锅中加入熟鸡油烧热，先下入草菇块略炒，再放入葱末、姜末、蒜末、八角炒出香味。

3. 然后加入精盐、白糖、蚝油翻炒均匀，待汤汁收浓时。

4. 再放入松子仁炒熟，撒入五香粉、毛豆仁炒匀，即可装盘上桌。

尖椒干豆腐

原料

干豆腐300克

青尖椒、红尖椒各50克

调料

葱末、姜末各5克

精盐1小匙

味精1/2小匙

白糖少许

酱油1大匙

料酒、水淀粉各2小匙

老汤4大匙

植物油2大匙

做法

1. 将干豆腐洗净，切成1厘米宽、5厘米长的条，再放入沸水锅中焯透，捞出沥干；青尖椒、红尖椒分别洗净，去蒂及籽，切成长条。

2. 锅中加油烧至六成热，先下入葱末、姜末炒香，再放入干豆腐条炒匀。

3. 然后烹入料酒，添入老汤，加入精盐、酱油、白糖、味精、青尖椒、红尖椒炒至入味，再用水淀粉勾芡，即可出锅装盘。

第五章 菌菇豆品

213

素炒鳝鱼丝

原料

冬菇250克

净冬笋、香菜各50克

调料

姜末5克

酱油4大匙

味精1/2小匙

白糖、胡椒粉、淀粉、

香油各1小匙

冬菇汤100克

植物油适量

做法

1. 香菜择洗干净，切成小段；净冬笋切成细丝。

2. 小碗中加入少许酱油、白糖、味精、胡椒粉、冬菇汤、淀粉调匀，制成味汁。

3. 冬菇放入温水中泡发，捞出去蒂，攥干水分，再用剪刀沿边缘旋转剪成细条。

4. 然后加入酱油、味精拌匀，腌渍15分钟，再挤去汁水，放入碗中，加入淀粉裹匀。

5. 炒锅置火上，加油烧至八成热，放入香菇丝炸至黄褐色，捞出沥油。

6. 锅中留少许底油烧至六成热，先下入姜末炒出香味。

7. 再放入冬笋丝翻炒至熟，加入香菇丝，烹入味汁，旺火炒至入味。

8. 然后淋入香油翻炒均匀，出锅装盘，撒上香菜段即可。

微辣 ⏱15分钟

家常炒双冬

原料
鲜冬菇500克
冬笋200克
红椒末20克
熟芝麻、香菜末各少许

调料
葱片10克
精盐1小匙
鸡精1/2小匙
酱油1大匙
白糖2小匙
植物油2大匙

做法

1. 将冬菇放入淡盐水中浸泡10分钟，去蒂、洗净，切成小块；冬笋去壳、洗净，切成小块。

2. 炒锅置火上，加油烧至七成热，先下入葱片炒香，再放入冬菇块、冬笋块翻炒2分钟。

3. 然后加入精盐、鸡精、酱油、白糖续炒2分钟，再出锅装盘，撒上红椒末、熟芝麻、香菜末，上桌即可。

芦笋炒香干

原料

豆腐干300克
芦笋150克

调料

精盐1/2小匙
味精1/3小匙
鲜汤100克
植物油500克(约耗30克)

做法

1. 将豆腐干洗净，切成粗丝，再下入七成热油中炸至熟透，捞出沥油。

2. 芦笋去根，削去老皮，洗净沥干，切成小段。

3. 锅中留底油烧热，先下入芦笋段炒至断生，再放入豆腐干翻炒均匀。

4. 然后加入精盐、味精、鲜汤炒至入味，再用水淀粉勾芡，即可出锅装盘。

清香 15分钟

肉炒豆腐干

原料

豆腐干300克

猪瘦肉200克

蒜苗50克

红椒25克

调料

精盐1小匙

味精、白糖各1/2小匙

酱油、料酒、

甜面酱各1大匙

植物油2大匙

做法

1. 豆腐干洗净，切成小条；猪肉洗净，切成长方片；蒜苗择洗干净，切成小段；红椒洗净，去蒂及籽，切成滚刀块。

2. 炒锅置火上，加油烧至七成热，先下入猪肉片炒散，再放入甜面酱炒成金红色。

3. 然后加入豆腐干、红椒、料酒、酱油、白糖、精盐、味精炒至入味，再放入蒜苗炒匀，即可出锅装盘。

◎微辣 ⏱10分钟

豆芽炒海贝

原料

黄豆芽300克

海贝肉150克

调料

葱段15克

姜片10克

精盐、鸡精各1/2小匙

米醋1小匙

料酒2大匙

食用碱粉、

水淀粉各2小匙

植物油300克（约耗30克）

做法

1. 将海贝肉洗净，片成薄片，先用碱粉、米醋搓洗至发白，捞出冲净，再下入四成热油中滑散、滑熟，捞出沥油；黄豆芽洗净，用加有少许精盐的沸水焯煮3分钟，捞出沥干。

2. 锅中留底油烧热，先下入葱、姜炒香，再烹入料酒，放入黄豆芽、海贝片、精盐、鸡精爆炒均匀，然后用水淀粉勾芡，即可出锅装盘。

◎清香 ⏱15分钟

人气小菜

油菜炒干豆腐

原料

干豆腐300克
小油菜100克
食用碱少许

调料

葱段、姜片、
花椒各少许
精盐、鸡精、白糖、味
精各1/2小匙
香油1小匙
熟猪油2大匙

做法

1. 小油菜切去菜根，用清水洗净，切成小段，再放入沸水锅中，加入少许熟猪油焯烫一下，捞出过凉，沥干水分。

2. 干豆腐洗净，切成小条，先放入沸水锅中，加入少许食用碱略煮片刻，再用清水漂去碱味，捞出沥干。

3. 炒锅置火上，加入熟猪油烧至八成热，先下入葱段、姜片、花椒炒出香味(捞出葱、姜、花椒不用)。

4. 再放入干豆腐条、青菜段快速炒匀，然后加入精盐、白糖、味精、鸡精翻炒至入味。

5. 再淋入香油炒匀，即可出锅装盘。

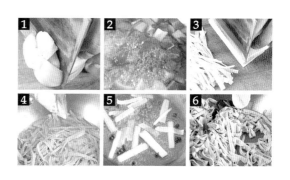

辣子干丁

原料

豆腐干250克

油炸花生仁、青椒丁、
红椒丁、青蒜丁各50克

鸡蛋清1个

调料

葱末、姜末各5克

精盐、味精各少许

酱油、白糖各1小匙

豆瓣酱1大匙

料酒、水淀粉各2大匙

鲜汤、植物油各适量

做法

1. 豆腐干洗净、切丁，加入少许酱油、蛋清、水淀粉拌匀，下入五成热油中滑熟，捞出沥油。

2. 锅中留底油烧热，先下入青椒、红椒、葱末、姜末、豆瓣酱炒香，再烹入料酒，加入酱油、白糖、鲜汤、精盐、味精炒匀。

3. 然后用水淀粉勾芡，放入青蒜、花生仁、豆腐干翻炒至入味，即可出锅。

香辣 ⏱15分钟

豆干炒蕨菜

原料

豆腐干250克

蕨菜150克

红椒丝15克

调料

蒜末10克

精盐、白糖、味精、

米醋各1小匙

蚝油1/2小匙

香油1小匙

植物油2大匙

做法

1. 将豆腐干洗净，切成小条；蕨菜去根、洗净，放入加有少许精盐的沸水中焯熟，捞出过凉，切成小段。

2. 炒锅置火上，加油烧热，先下入蒜末炒香，再放入豆腐干略炒。

3. 然后加入精盐、白糖、味精、米醋、蚝油炒至入味，再放入蕨菜、红椒丝翻炒均匀，淋入香油，即可出锅装盘。

第五章 菌菇豆品

223

人气炒菜

清香 ⏱10分钟

木耳炒腐竹

原料

水发腐竹250克
水发黑木耳100克

调料

葱花、姜末、蒜片各5克
精盐1小匙
味精、酱油各1/2小匙
水淀粉2小匙
鲜汤100克
植物油2大匙

做法

1. 将黑木耳择洗干净，撕成小朵；腐竹洗净，切成小段，再放入沸水锅中快速焯烫一下，捞出沥干。

2. 坐锅点火，加油烧至六成热，先下入姜末、蒜片炒出香味，再放入腐竹、黑木耳略炒。

3. 然后添入鲜汤，加入酱油、精盐、味精炒至入味，再用水淀粉勾芡，淋入明油，撒入葱花，即可出锅装盘。